大田长绒棉生长情况

长绒棉果枝形态

长绒棉棉絮

大田长绒棉吐絮期生长情况

零式果枝长绒棉形态

大田棕絮彩色棉生长情况

彩色棉中棉所
51 号植株形态

抗虫彩色棉
植株形态

特色棉高产优质栽培技术

主　编
董合林

副主编
李剑峰　伍维模

编著者
董合林　李剑峰　伍维模
李运海　王润珍　刘爱珍
李如义　王国平　吕双庆
陈康谓

金 盾 出 版 社

内 容 提 要

本书系统介绍了我国特色棉(包括长绒棉、彩色棉和有机棉)的生产现状、种植品种和分布区域,论述了特色棉主要产区的高产优质栽培新技术,对当前我国棉花种植结构调整、特色棉发展、棉花增产和棉农增收具有指导作用。全书由三部分组成:第一部分主要介绍了我国长绒棉生产情况,长绒棉形态特征、生长发育特点,我国长绒棉新品种及长绒棉高产优质栽培技术;第二部分主要介绍国内外彩色棉发展和应用现状,我国彩色棉新品种及彩色棉各主产区的高产优质栽培技术;第三部分主要介绍世界有机农业和有机棉的生产现状与发展趋势,有机棉生产的基本要求及新疆维吾尔自治区有机棉高产优质栽培技术。

本书可供农业技术推广人员、棉花生产管理部门、棉农及棉花生产企业的经营管理人员学习使用,也可供农业大专院校农学专业师生阅读参考。

图书在版编目(CIP)数据

特色棉高产优质栽培技术/董合林编著.—北京:金盾出版社,2007.3

ISBN 978-7-5082-4383-2

Ⅰ.特… Ⅱ.董… Ⅲ.棉花-栽培 Ⅳ.S562

中国版本图书馆 CIP 数据核字(2007)第 004663 号

金盾出版社出版、总发行

北京太平路 5 号(地铁万寿路站往南)

邮政编码:100036 电话:68214039 83219215

传真:68276683 网址:www.jdcbs.cn

彩色印刷:北京百花彩印有限公司

黑白印刷:北京金盾印刷厂

装订:东杨庄装订厂

各地新华书店经销

开本:787×1092 1/32 印张:6.5 彩页:4 字数:143 千字

2009 年 12 月第 1 版第 4 次印刷

印数:21521—27520 册 定价:11.00 元

前　言

近年来，随着全球经济的发展和人们生活水平的提高，纺织品服装消费出现了两种趋势，一是在质量上追求精、细、薄的高档化；二是崇尚安全、无污染的健康化。这两种趋势受到纺织品服装经销商、纺织品业、服装工业、棉花种植者及环境保护界人士的普遍重视，并已转化为强劲的商业行为，进而促进了长绒棉、彩色棉和有机棉的消费和种植规模的不断扩大。

棉属有4个栽培种，即陆地棉、海岛棉、亚洲棉（中棉）、草棉（非洲棉）。长绒棉主要指海岛棉，由于其内在品质好，纤维主体长度在33毫米以上，纤维比强度38厘牛顿/特克斯以上，马克隆值多在3.5～4.2，是生产精、细、薄的高档新型纺织品的原料，其市场价格是普通细绒棉的1.6倍以上，其产品附加值更高，因而我国长绒棉在市场上具有较强的竞争力和较好的发展前景。为适应全球经济一体化的进程以及我国加入WTO的要求，我国纺织工业已进行了大规模的技术改造和设备更新，对高品质原棉的需求呈明显上升趋势。据有关部门统计，我国每年长绒棉年需求量至少为10万吨，高的年份可达15万吨，多数年份我国需从国外进口长绒棉。由于长绒棉的需求增加，我国长绒棉的种植面积和总产量在最近4年（2003～2006年）中分别由20世纪90年代后期（1995～1999年）的平均1.72万公顷和1.8万吨，增加到平均8.03

万公顷和12.6万吨。由于长绒棉对光温等自然条件要求严格，我国能种植长绒棉的产区仅限于新疆天山以南部分地区和东疆棉区，目前主要集中在南疆的阿克苏地区和新疆生产建设兵团农一师所在地区，占新疆维吾尔自治区长绒棉种植总面积的95%左右。

棉纤维是主要的纺织原料，纺纱用棉占64%左右，以棉布做成的衣服、袜子、被褥等，因具有柔软、吸汗和透气的特性，长久以来一直受到人们的青睐。不过，我们大概很难想象，在生产棉花和制造这些棉质衣物时，也埋下了许多危及生态环境与人类生存的隐患。一是在常规棉花生产过程中为提高产量使用大量化学农药、化肥等农用化学品。全球棉花种植面积约占农业用地的3%，但却使用了超过25%的农药，棉花是使用农药最多的作物。这不仅导致农药在棉株体内的残留，也造成棉田土壤及地下水、地表水受到污染，使生态平衡遭受破坏、生物多样性锐减，进而威胁到人类的生存环境；棉田大量施用的化肥，通过淋溶、径流进入地下水和地表水体，从而引起地下水被污染和水体的富营养化，恶化了生态环境。二是纺织品行业中沿用的“纺纱－织造－染整”的传统工艺过程，不仅使多数纺织物上附着有甲醛、偶氮、五氯苯酚、发光剂、荧光增白剂以及重金属等有害化学物质，同时这些污染物质向环境的大量排放，也对环境造成严重污染。据专家估测，如果彩色棉总产量能够达到普通白色棉总产量的1%，就相当于消除了几十家印染厂对环境的污染。

天然彩色棉与普通的白色棉相比，二者的主要区别在于棉絮（棉纤维）的颜色，我们常说的天然彩色棉是指棉纤维本身的各种颜色在棉花发育过程中自然产生并呈现出来的棉花。具有天然色彩的彩色棉纺织品，由于在其生产过程中不需印染，不仅可以节省染料与减少加工工艺，从而节省生产成本；同时还可避免纺织品印染、漂白等化学处理所生成的工业废水对环境的污染以及对人体的直接危害。

有机棉是指按照有机农业标准生产，并通过独立认证机构认证的原棉。有机棉生产过程中，由于禁止使用化学农药、化肥、人工合成的生长调节剂和基因工程产品等，因而对控制和减轻棉区环境污染，保护和恢复生态平衡，合理利用资源等起到积极的作用；同时，种植有机棉还减少了农药、化肥等合成物资在其生产过程中对不可再生资源的消耗，减轻工业污染。据国际有机农业委员会专家预测，未来 30 年内，全球生产的彩色棉和有机棉的产量将占到棉花总产量的 30%；届时全世界将有 60%～70%的人口使用天然彩色棉制品。

全书由三部分组成：第一部分介绍棉花纤维类型，长绒棉的起源，我国长绒棉生产基本情况，长绒棉的形态特征和生长发育特点，我国长绒棉新品种及南疆、东疆长绒棉高产优质栽培技术；第二部分介绍发展彩色棉的意义和前景，彩色棉的特征与种类，国内外彩色棉种植历史，国内外彩色棉研究和应用现状，我国的彩色棉新品种及全国各彩色棉主产区的高产优质栽培技术；第三部分介绍有机棉的概念，种植有机棉的意义，世界有机农业和有机棉的生产现状与发展趋势，有机农业标准体系与有机农业认证机构，有机棉生产基本要求及新疆维吾尔自治区有机棉生产技术。

长期以来，我国主要棉区均以种植白絮陆地棉为主，广大棉花科研人员对白絮陆地棉的生长发育、栽培技术进行了深入研究，有关论文和著作也较多；而对于长绒棉、彩色棉和有机棉的栽培技术研究较少，有关论文和著作也少见。笔者希望通过本书使广大读者对我国的特色棉生产情况及其栽培技术产生较全面的了解，以促进我国特色棉的进一步发展。

由于编写时间仓促，加上笔者水平有限，错误之处敬请批评指正。

董合林

2007 年 1 月 4 日　于河南安阳

目　录

第一章　我国长绒棉生产及栽培技术

第一节　棉花纤维类型和长绒棉的起源

一、棉花纤维类型

棉花在分类学上属于被子植物门、锦葵目、锦葵科、棉族、棉属。棉属中包括39个种，除35个野生种外，有4个栽培种，即陆地棉、海岛棉、亚洲棉（中棉）和草棉（非洲棉）。陆地棉植株健壮，生长期中长，适应性广，结铃性强，铃大，衣分高，所以皮棉产量也高，纤维品质较好，适合大多数纺织工业的需要，商品上称为细绒棉，是目前世界上栽培最广泛的棉种，各植棉国家均有种植，约占世界棉花总产量的95%以上。海岛棉植株较陆地棉高大、健壮，但因铃期长、较晚熟，只能在光热资源充足的国家和地区种植。海岛棉棉铃小、衣分低，因此皮棉产量明显比陆地棉低，但因其纤维比陆地棉长、细且强，在棉属4个栽培种中纤维品质最优，商品上称为长绒棉，适合纺织高档纺织品或与化学纤维混纺，近几年占世界棉花总产量的3%左右。亚洲棉在我国栽培的历史长、分布广，变异类型也多，故又称中棉。亚洲棉早熟，产量低，但抗旱、抗病、抗虫能力强，在多雨地区烂铃少，产量比较稳定。亚洲棉纤维粗短，商品上称粗绒棉，因其弹性强，是拉绒织品如绒布、绒衣以及棉毛混纺、絮棉的较好原料。亚洲棉的纤维品质不适合中支以上的机纺，而且产量又低，在我国已于20世纪50年代被陆地棉取代，目前在国内几乎已没有种植，世界上只在少数国家（如印度）尚有少部分种植。草棉的产量低，纤维品质也差，目前在世界上已很少种植。

根据棉种和纤维长度、细度、强度高低等的不同，可将棉纤维分为三类，即粗绒棉（亚洲棉纤维）、细绒棉（陆地棉纤维）与长绒棉（海岛棉纤维）。

粗绒棉：纤维粗，弹性大，绒长 19～23 毫米，可纺低支粗纱，但目前世界上这种棉花已很少种植。

细绒棉：纤维柔软有弹性，纤维长度 23～33 毫米，其中以绒长 25～31 毫米居多，适合纺中档、中高档纱。按绒长又可分为中绒棉和中长绒棉，中绒棉绒长小于 31 毫米，中长绒棉绒长大于 31 毫米。

长绒棉：纤维细，强力高，弹性较小，绒长 33 毫米以上，目前我国种植的长绒棉品种绒长一般大于 35 毫米，适合纺高档纱。其中绒长大于 37 毫米的长绒棉，又称超级长绒棉。

我国纺织用棉主要适宜品质指标见表 1-1。

表 1-1　我国纺织用棉的主要适宜品质指标

品种类型		纤维长度（毫米）	比强度（厘牛顿/特克斯）（HVICC 标准）	马克隆值	适纺棉纱（公支）
陆地棉	中绒棉	＜31	＞28	3.5～4.9	＜40
	中长绒棉	＞31	＞32	3.5～4.5	40～60
长绒棉	长绒棉（中长）	35～37	＞39	3.5～4.0	＞60
	长绒棉（超长）	＞37	＞45	3.5～4.0	＞120
彩色棉		＞27	＞27	3.5～4.9	＜40

二、长绒棉的起源

长绒棉包括海岛棉、长绒陆地棉和海陆杂交棉，通常所说的长绒棉主要是指海岛棉，世界上只有少数几个国家能够生产。海岛棉原产于南美洲、中美洲和加勒比海诸岛。在欧洲人移居美洲之前，已在南美洲的智利到厄瓜多尔地区广泛栽培。之后，又传到大西洋沿岸和西印度群岛栽培。考古学发现距今 4 500 多年以前，秘鲁已有海岛棉种植，而且在该地区现在仍然存在着海岛棉的各种变异类型，因此普遍认为秘鲁是海岛棉的起源中心。生产上大面积种植的一年生海岛棉主要有两大类型，即海岛型(Sea Island type)和埃及型(Egyptian type)，其中又以后者为主。海岛型是大约在 18 世纪中叶，随着殖民事业的发展，从西印度群岛传入美国东南棉区的南部及其沿海岛屿。S. G. Stephens 认为，海岛型海岛棉是西印度群岛的野生陆地棉与西印度群岛的海岛棉杂交的原始类型。海岛型海岛棉虽然纤维品质很好，表现为纤维突出的细长，但因为产量低，并且适应的地区少，所以现在已经很少栽培。埃及型海岛棉是在 19 世纪初在埃及发现，由海岛型海岛棉与埃及野生棉花树混种并产生杂交。大概在 1860 年左右，从杂合性群体中选育出了阿许莫尼品种(Ashmouni)，这就是最早的埃及型海岛棉，而后又进一步选育出 Mit-Afifi，二者就成为了后来埃及型海岛棉的始祖。埃及型海岛棉在 20 世纪初被引入美国试种，表现更适宜在美国西部的旱地灌溉棉区种植。美国目前种植的是美国埃及型海岛棉，又称为皮马棉(Pima type)，我国现今栽培的海岛棉也是以埃及型海岛棉为主。

第二节 我国长绒棉生产概况

一、我国长绒棉的发展史

(一)我国长绒棉品种引进和选育发展历史

20世纪50年代以前,我国基本上没有商品化的长绒棉生产,只有在我国南部的云南、广西、广东、台湾、福建等省、自治区零星种植属于半野生状态的多年生海岛棉"离核木棉"和"联核木棉",当时我国特纺工业所需长绒棉完全依赖进口。

1954年我国开始在南部的云南、广西、广东、福建和西北的新疆五省、自治区进行长绒棉引种试验,经过多年实践,确定新疆维吾尔自治区(以下简称为新疆)是我国长绒棉生产最适宜的地区,并逐步形成了我国唯一的长绒棉生产基地。新疆长绒棉育种自20世纪50年代以来,经历了引种驯化、系统选育、杂交育种等发展阶段,截至2005年已育成25个新品种,形成了具有区域生态特点的育种技术体系,为新疆长绒棉的生产发展发挥了重要作用。

20世纪50～60年代是引种驯化时期。我国主要从中亚地区和埃及、美国等国引进长绒棉品种并在吐鲁番盆地和塔里木盆地试种。从前苏联(现在的中亚地区)引进了901依、5476依、8763依、5904依、司6022等。这些品种多表现为植株高大松散、晚熟、产量低。这一时期我国长绒棉品种改良的重点是提高早熟性。由于中亚地区与新疆的自然生态条件相似,来自中亚地区的品种比埃及和美国品种在新疆表现出更好的适应性。引进的一些早熟性、产量高和纤维品质较好的品种一般直接就可以在生产上应用。种植面积较大和具有代表性的品种有2依3、901依、5476依、8763依、5904依、司6022等。有的引进品种还成为系统选育和杂交育种的骨干亲本。1959年新疆生产建设兵团农一师沙井子试验站从2依3天然变异株中经系统选育，培育出我国第一个长绒棉品种胜利1号。

20世纪60～70年代是系统选育时期。育成新海棉、军海1号、新海3号等早熟、丰产品种，从而替代了引进品种。育成的品种株型更趋紧凑，属零式分枝类型，早熟性、适应性及产量性状均得到显著提高，纤维品质有一定程度的改进，但纤维强度偏低。军海1号是新疆生产建设兵团农一师农业科学研究所于1963年自9122依中选择出的天然变异优异单株，经过连续选择于1967年育成，1970年至1985年一直是南疆塔里木盆地长绒棉的主栽品种。该品种是零式果枝型，具有早熟、丰产、纤维品质较好等优点，从1968年至1985年累计种植面积24.9万公顷(373.5万亩，1公顷＝15亩)。迄今为止，军海1号仍然是我国长绒棉生产历史上种植时间最长，推广面积最大的品种。

20世纪80年代是杂交育种时期。在进一步提高品种的适应性、抗逆性及优化产量性状的同时，着重纤维品质及抗病性的提高。本时期育成的新海5号至新海12号等品种的综合性状得到明显改良。新海5号生育期133天，属中熟品种，无限果枝，Ⅱ、Ⅲ型分枝，抗耐高温，适宜于吐鲁番火焰山南部种植，1985年以后，该品种一直是火焰山以南地区的主栽品种。新海9号生育期125天，属早熟品种，株型为零式与有限果枝混生类型，抗耐枯萎病，从20世纪90年代至今一直是火焰山以北地区的主栽品种。80年代中期以后，新海3号开始大面积种植，是继军海1号之后塔里木盆地长绒棉区的主栽品种，1990 年最大种植面积 4.9 万公顷。

20 世纪 90 年代育成新海 13 号至新海 18 号等品种。其中新海 14 号纤维主体长度 37.3 毫米，比强度 42.1 厘牛顿/特克斯(HVICC 标准，如未特别注明，下同)，感叶斑病和枯萎病。在区域试验中新海 14 号霜前皮棉比对照新海 3 号增产 47.3%，90 年代后期成为塔里木盆地长绒棉种植区的主栽品种之一，该品种丰产性较好，但纤维强度指标明显低于国外优质品种。

新海 16 号、新海 17 号纤维主体长度在 35～36 毫米，比强度在 46 厘牛顿/特克斯左右，主要纤维物理指标已可与世界品质最优的超级长绒棉品种埃及 Giza70 等相媲美，但综合品质性状尚需进一步优化改良。株型由纯零式分枝向零式加有限果枝混生株型转变，产量也得到了不同程度的改进，霜前皮棉每 667 平方米的平均产量可达 77 千克，高产棉田每 667 平方米平均产量可达 100 千克，产量水平居世界领先地位。

2000～2005 年，新育成的品种有新海 19 号、20 号、21 号、22 号、23 号、24 号和 25 号。其中，新海 19 号生育期 120 天，抗Ⅱ、Ⅲ型枯萎病，结铃性强，纤维品质好，被作为东疆吐鲁番地区新海 5 号、新海 9 号的替代品种，有望大面积推广。2003 年新疆生产建设兵团农一师农科所育成的新海 21 号，具有早熟、优质、高产、稳产性能，该品种在 2004 年占到南疆长绒棉区种植面积的 68.5%，替换了“十五”期间长绒棉主栽品种新海 14 号等老品种。

综上所述，新疆长绒棉抗病育种工作虽然起步较晚，育成的品种抗角斑病和叶斑病性能已经得到了很大地提高，但是由于缺乏棉花枯萎病抗源，目前育成的品种均不抗枯萎病。随着该病的危害日渐加重，抗枯萎性能亟待提高。另外，我国的长绒棉品质与埃及等国家的长绒棉品质还是有一定的差距，主要表现在强力不足，成熟度较差等方面。从现已审定的25个长绒棉品种（包括引进认定）来看，新海13号纤维强力与世界最优长绒棉品种相接近，但由于纤维粗短，不利于纺高档纱，再加上结铃性差，产量低，无法在生产中大面积推广。生产上先后大面积种植的长绒棉品种有军海1号，新海3、5、9、12、14、21号等，这些品种在新疆长绒棉生产中发挥了极其重要的作用。

（二）新疆长绒棉生产及栽培技术发展历史

由于受国家棉花购销体制、市场价格及生产条件和相关生产技术等多种因素的影响，我国长绒棉生产一直起伏不定，变化幅度较大。20世纪70年代新疆长绒棉面积曾达到3.3万公顷，但由于采用露地栽培，每667平方米（1亩）皮棉产量仅25千克。80年代长绒棉种植面积总体有较大增加，单产也有所提高，每667平方米皮棉产量30千克以上。90年代初随着宽膜覆盖的应用，栽培技术水平的提高，长绒棉种植面积猛增到5.3万公顷以上，单产水平也有较大幅度提高。但随后由于枯萎病与黄萎病蔓延和受长绒棉和陆地棉比价较低的影响，又导致长绒棉面积锐减，这一时期是长绒棉生产的低谷期。2000年后受国际市场的影响，长绒棉生产又得以恢复发展，2000年种植面积回升到4.9万公顷，总产量达到6.16万吨。2001年新疆长绒棉种植面积首次突破6.7万公顷，单产（本书中若无明确标注时，单产一般指每667平方米产量即1亩地的产量）90千克以上，总产量达到9.7万吨，并且实现了长绒棉生产与市场接轨。2003～2005年长绒棉种植面积均在7.0万公顷以上，年总产量超过10万吨（表1-2）。从我国长绒棉的曲折发展历程可以看出，长绒棉生产的起伏兴衰不仅与国家的产业政策、国际长绒棉供需状况密切相关，而且与生产条件和相关技术发展水平有着紧密的联系。

表 1-2　1978～2006 年我国长绒棉种植面积和产量

年　份	面积（万公顷）	单产（千克/667 平方米）	总产量（万吨）
1978	2.90	27.36	1.19
1980	3.85	30.13	1.74
1985	2.63	35.49	1.40
1990	6.27	37.00	3.48
1991	5.55	46.25	3.85
1992	1.69	76.53	1.94
1993	2.38	79.27	2.83
1994	0.97	86.60	1.26
1995	0.84	89.68	1.13
1996	1.48	77.48	1.72
1997	3.91	52.86	3.10
1998	1.07	86.60	1.39
1999	1.29	86.30	1.67
2000	4.93	83.30	6.16
2001	6.80	95.10	9.70
2002	4.63	96.04	6.67
2003	7.01	96.05	10.10
2004	7.06	105.95	11.22
2005	7.34	108.75	11.87
2006	10.7	107.90	17.31

长绒棉栽培技术方面，20 世纪 70 年代以前由于采用露

地栽培，棉花单产平均在 30 千克以下。80 年代虽然栽培技术水平有较大提高，但单产水平仍较低，平均在 40 千克以下。90 年代由于采用以宽膜覆盖为核心的“矮、密、早”栽培技术体系，使播种期提前 7～10 天，有效积温提高 180℃～220℃，为实现长绒棉早熟、高产、优质提供了技术支撑。目前，新疆长绒棉种植区的种植密度一般在 1.2 万株/667 平方米以上，一些管理水平较高的地区种植密度可达 1.5 万株/667 平方米以上，大面积皮棉单产达 90～100 千克/667 平方米，同时出现了许多 120～140 千克/667 平方米的高产地块。

二、新疆长绒棉的发展前景

长绒棉具有纤维长、细、强的特点，在 4 个棉花栽培种中，纤维品质最优。长绒棉纤维长度一般在 35 毫米以上，是纺高支纱和特纺工业的重要原料，有特殊使用价值。纯棉高支精梳纱织物疵点少，条干均匀，丝光感好，制成的内衣透气性好、吸湿性好、柔软、穿着舒服。改革开放以来，我国纺织工业迅猛发展，长绒棉已从过去主要用于纺织缝纫线、大中轮胎帘子线、降落伞等少数特种产品拓展到衬衫、T 恤、内衣、手帕、涤棉混纺等高档民用织物。因此，长绒棉生产对于提高我国纺织产品档次、增强行业竞争力发挥了重要作用。

随着经济发展，人民生活水平提高和纺织工业技术的进步，人们对高档纺织品的需求日益增长，国内外市场需求不断增加。我国近几年尽管扩大了长绒棉种植面积，总产量突破 10 万吨，但仍需从美国和埃及大量进口，是世界上最大的长绒棉消费国和进口国。长期以来，国际市场长绒棉的市场价格为普通陆地棉的 1.3～1.7 倍，甚至超过 1.7 倍，而优质超级长绒棉比普通长绒棉价格又高出 30%左右。新疆是我国唯一的长绒棉产区，长绒棉已成为该区的重要经济作物，新疆长绒棉品质优良，各项质量指标均超过国家规定标准。新疆长绒棉可与苏丹、埃及长绒棉媲美，价格高于秘鲁、摩洛哥、印度、以色列等国的长绒棉。吐鲁番地区生产的长绒棉品质尤佳，其纤维柔长，洁白光泽，弹性良好，在国际市场上享有很高声誉，备受国内外棉花市场青睐。随着开发高档、高附加值的新型纺织品服装的发展，长绒棉的需求量将会有进一步的增长，新疆长绒棉的发展面临良好发展机遇，面积将不断扩大。

三、我国长绒棉的种植区域

我国南部的云南、广西、广东、台湾、福建等省、自治区是我国最早种植长绒棉的地区，20 世纪 50 年代以前，这里主要种植属于半野生状态的多年生长绒棉“离核木棉”和“联核木棉”，但目前已很少种植，在该棉区已基本消失。新疆自 1954 年从国外引进和试种长绒棉以来，经过多年的发展，已逐步成为我国唯一的长绒棉产区。

长绒棉与陆地棉相比，生长期较长，主要表现在开花至吐絮的时期比陆地棉长 10～20 天，因此需要较多的积温和更充足的光照。一般要求≥10℃积温 4 000℃以上，无霜期 200 天左右，且要求气候干燥少雨，光照充足。我国各棉区中符合这些条件的只有新疆棉区，长绒棉种植区主要分布在东疆的吐鲁番盆地和南疆的塔里木盆地周缘。这两个地区积温高，昼夜温差大，日照充足，雨量稀少，气候干燥，且属于绿洲灌溉农业，无霜期 200～220 天，再加上盆地的增温效应又可以增加热量，这些得天独厚的生态条件非常适合长绒棉生长发育的要求，从而成为我国目前唯一的长绒棉产区。新疆长绒棉种植区的自然生态条件与国外优质长绒棉产区相比存在无霜期短、生育期积温低等不利因素，这是新疆长绒棉品质不如国外优质长绒棉品质的主要原因。新疆棉区由于受大陆性气候影响，春季温度回升不稳定，常出现“回寒”现象，并伴有大风，因此对棉花苗期生长影响很大。9月份以后降温较快，使长绒棉铃期延长，吐絮缓慢，对棉纤维品质也有不利影响。但新疆长绒棉区的年降雨量在10～70毫米，空气十分干燥；同时光照条件优越，4～10月份生长期日照时数平均在1 800～2 000小时以上，因此不会产生因为多雨造成植株徒长及伴随的蕾铃大量脱落现象，而且对增加成铃和促进棉铃成熟、提高纤维色泽等外观品质有利(表1-3，表1-4)。

根据新疆棉区各地的自然生态条件及宜棉程度、棉花适宜品种和生育特点的差别，可将全区划分为东疆、南疆和北疆3个亚区。长绒棉种植区主要分布在东疆和南疆两个亚区，即东疆的吐鲁番地区及南疆的巴音郭楞蒙古自治州、阿克苏地区、喀什地区、新疆生产建设兵团农一师、农二师、农三师，其中以南疆的阿克苏地区和农一师的面积、产量最多，占全疆的95%左右。

(一)东疆亚区

本亚区位于天山东段吐鲁番盆地和哈密山南平原，主要包括吐鲁番地区的吐鲁番市、鄯善县、托克逊县及农十三师二二一团，哈密地区的哈密市及农十三师其他团场。其中吐鲁番市、鄯善县、托克逊县及农十三师二二一团适宜种植长绒棉。

吐鲁番盆地海拔高度－100～300米，内陆盆地增温效应强烈，无霜期长，日照时数多，可种植中熟和中早熟长绒棉。

表 1-3 新疆棉区各亚区的主要自然条件

亚区名称	无霜冻期(天)	≥10℃积温(℃)	最高气温≥35℃日数(天)	年日照时数(小时)	年降水量(毫米)	海拔高度(米)	主要土壤类型	主要灾害性天气
东　疆	190～225	4500～5500	65～100	3000～3300	<30	－100～300	灌淤土、棕漠土	春季风沙、夏季干热风
南　疆	185～230	4100～4300	10～15	2800～3000	40～70	1000～1400	灌淤土、旱盐土、棕漠土	春季缺水、雨后返盐
北　疆	155～190	3100～3700	5～25	2700～3200	50～60	300～500	灰棕漠土、旱盐土	春季霜冻、秋季低温冷害

表 1-4　新疆长绒棉主要种植区气候条件及适宜品种

	产　区	东疆地区	南疆地区	
	地　区	吐鲁番地区	阿克苏地区	喀什地区
主要生态条件	≥10℃积温(℃)	4500～5400	4147～4658	3500～4100
	≥15℃积温(℃)	4100～4980	3547～3999	3000～4200
	≥28℃日最高积温(℃)	5000～5700	3521～3837	3200～3700
	无霜期(天)	218～224	206～239	175～220
	7月份平均气温(℃)	29～32.3	24.6～27.4	25.8～27.8
	全年日照时数(小时)	3000～3500	2700～3000	2700～2800
	日照率(%)	67～68	61～67	59～64
	适宜品种类型	中熟长绒棉	中早熟长绒棉	早熟长绒棉
	当地主栽品种	新海 9 号、5 号	新海 14 号、21 号	新海 14 号

盆地内以火焰山为界，南北气候略有差异。火焰山以南，包括吐鲁番市南部、鄯善县南部、托克逊县，海拔高度 100～200 米，热量资源尤为丰富，全年≥10℃积温 5 400℃～5 500℃，最热月平均气温 32℃～33℃，是我国夏季最干热的区域，年日照时数 3 000～3 300 天，无霜期 190～225 天，适宜种植中熟长绒棉。火焰山以北，包括吐鲁番市北部和鄯善县北部地区，海拔高度 200～300 米，全年≥10℃积温 4 500℃，最热月平均气温 28℃～30℃，无霜期 190～211 天，适宜种植中早熟长绒棉品种。植棉土壤以灌淤土为主，熟化程度高，肥力较高；由于地下水位低，土壤盐碱化程度普遍较轻，灌溉条件也比较优越。东疆亚区棉花生产上存在的突出问题是春季易遭风沙袭击，对棉花保苗不利；夏季最热月平均温度≥35℃的天数长达 65～100 天，棉株蕾铃脱落严重；中后期棉铃虫危害严重。以中亚埃及型长绒棉 8763 依、司 6022、5320 弗为种质资源育成的品种是该地区种植的主要长绒棉品种，生产上的代表性品种有新海 5 号、新海 9 号、新海 19 号，多为无限果枝，

株型松散。吐鲁番盆地长绒棉种植面积最盛时期是1979～1986 年,平均年种植面积 0.69 万公顷,其中 1985 年长绒棉面积和产量分别占全疆长绒棉的 24.63%和 22.89%。由于该地区土地资源有限,开垦潜力小,同时又是葡萄和瓜类优势作物产区,近几年长绒棉生产规模只占全疆的 2%左右。该亚区的哈密山南平原和山北淖毛湖地区,光热条件也较优越,但目前棉花种植面积较小。

(二)南疆亚区

本亚区位于天山以南、塔里木盆地周缘,主要包括巴音郭楞蒙古自治州的库尔勒市、轮台县、蔚犁县、且末县、若羌县,阿克苏地区的阿克苏市、库车县、沙雅县、新和县、温宿县、阿瓦提县、柯坪县,喀什地区的英吉沙县、巴楚县、伽师县、麦盖提县、岳普湖县、莎车县、疏勒县、泽普县,和田地区的和田县、墨玉县、皮山县、洛浦县、策勒县、于田县,克孜勒苏州的阿图什市、阿克陶县,新疆生产建设兵团农一师、农二师和农三师的 40 多个团场。本亚区气候非常干燥,年降水量仅 40～70 毫米;因受塔里木盆地增温效应的影响,热量较为丰富,光照充足,≥10℃ 积温 4 100℃ ～4 300℃,最热月平均气温 24.6℃～29.2℃,全年日照时数 2 800～3 000 小时,无霜期 185～230 天。本亚区大部分地区主要温度指标处于种植长绒棉的下限,按照长绒棉的生育要求,有效生育期相对稍短,秋季降温也显得过快,部分伏桃和秋桃的纤维成熟度不足,因此棉纤维表现出"细长有余、强力不足"的弱点,但可以通过选育更为早熟的品种、采用以地膜覆盖为核心的密植早熟栽培技术予以克服。本亚区的植棉土壤以灌淤土、旱盐土和棕漠土为主,大部分棉田含盐量较高。水利资源比东疆丰富,灌溉水源有塔里木河、阿克苏河、叶尔羌河与和田河,而且土地资源丰富，是新疆发展棉花潜力最大的棉区。本区是新疆棉区最大的亚区，目前棉花生产占全疆的65%左右，其中长绒棉生产占全疆的98%左右。

由于本亚区地域跨度大、范围广，涉及南疆5个地区(州)35个县(市)和兵团农一师、农二师、农三师40多个团场，各地的自然生态条件差异较大，亚区内部分县市(团场)由于热量资源不足，无霜期较短，只能种植中早熟或早熟陆地棉，不适宜种植长绒棉。而一些县市(团场)，包括巴音郭楞蒙古自治州的库尔勒市，阿克苏地区的阿克苏市南部、库车县部分、沙雅县、阿瓦提县，喀什地区的英吉沙县南部、巴楚县、伽师县、麦盖提县、岳普湖县、莎车县南部、疏勒县南部、泽普县南部，阿图什市，农一师一团至三团、七团至十六团，农二师二十八团至三十团，农三师四十二团至五十三团等，由于位于塔里木盆地边缘，热量资源较高，无霜期长，适合种植中早熟陆地棉或早熟长绒棉。中亚埃及棉2依3、9122依是该地区品种亲本的主要来源。由于该区域棉花病害较重，应注意选用抗枯萎病和黄萎病品种，近年种植的长绒棉品种主要有新海14号、15号、17号、18号、21号等，品种多为零式分枝，株型紧凑，宜于密植。近年新疆长绒棉种植主要集中在阿克苏地区的阿瓦提县、阿克苏市和农一师多数团场，占全疆长绒棉的95%左右。

(三)北疆亚区

位于天山以北，准噶尔盆地西南部的玛纳斯河流域和奎屯河流域，是我国最靠北的一个植棉亚区，主要包括石河子市，塔城地区的沙湾县、乌苏县和兵团农七师所属各团场，博而塔拉州的博乐市、精河县和兵团农五师所属各团场等。其中，石河子、塔城、博尔塔拉三市(地区、州)和兵团五、六、七、八师所属农场是北疆亚区的主要棉花种植区，本区棉花产量占新疆棉花常年产量的30%左右，≥10℃积温3 100℃～3 700℃，全年日照时数2 700～3 200小时，无霜期155～190天。本亚区由于热量资源不足，无霜期短，长期以来，一直被视为特早熟棉区，主要种植早熟或特早熟陆地棉，从来未种植长绒棉。但随着特早熟长绒棉新品种新海22号的选育成功，使得热量条件较差的北疆也能种植长绒棉。据2002～2003年在北疆进行多点生产试验，新海22号表现早熟、丰产、适应性强等优点，生育期120～130天，适宜北疆亚区的石河子、奎屯等地种植。北疆的121团、136团、142团和150团生产试验表明，籽棉产量达到当地陆地棉的90%，霜前花率达到90%以上。因此，随着长绒棉育种工作的发展，类似新海22号这样适宜于在较低热量条件的北疆种植的品种，必然会推进我国长绒棉的发展。

四、新疆长绒棉生产中存在的问题及解决对策

(一)优化生产布局

由于近几年长绒棉在国内外市场上热销，价格坚挺，新疆若干积温、光照不足或重病区等不适宜种植长绒棉的县(团场)为了追求一时的经济利益，纷纷发展长绒棉生产，而这些地区由于长绒棉的有效生育期不足或枯萎病和黄萎病较重，造成产量低、品质差，严重影响新疆长绒棉品牌的声誉。因此，应根据新疆各地的自然生态条件，进一步优化长绒棉的生产布局，逐步建成三大优质长绒棉生产基地，并力争做到一地一种或一县一种，实现长绒棉品种区域化种植，以确保棉花质量的一致性。

一是东疆吐鲁番盆地。生态条件较为优越，交通方便，长绒棉产量高、品质好。今后可考虑大力发展中熟或早中熟长绒棉，优先建成优质长绒棉出口基地。吐鲁番盆地火焰山以北地

区，包括吐鲁番市北部和鄯善县北部等地区，长绒棉主栽新海9号，示范推广新海19号。吐鲁番盆地火焰山以南地区，包括托克逊、吐鲁番南部、鄯善县南部等县(市)，长绒棉主栽新海5号，加快适宜于本地区种植的长绒棉新品种选育工作。

二是南疆塔里木盆地北缘，包括沙雅、库车、新和、阿瓦提、阿拉尔垦区等县(市)，生态条件较好，农垦团场多，种植水平高，交通方便，应建成早熟长绒棉基地。

三是南疆塔里木盆地南缘，包括莎车、巴楚、麦盖提、伽师、岳普湖、阿图什等地区，生态条件较好，交通也便利，从长远考虑也可逐步发展成早熟长绒棉产区。沙雅县、阿瓦提县、阿克苏市南部、莎车县、泽普县、疏勒县、英吉沙等县的东部，巴楚县、麦盖提县、伽师县、岳普湖县、阿图什市及库尔勒市早熟长绒棉区，以新海14号、16号为主，加速推广优质抗病的新海17号、18号、22号、21号、23号。

由于长绒棉种植区域的进一步扩大，加上长绒棉新产区的相应管理水平不配套，导致总体单产水平不高，总产量不理想。因此，长绒棉种植区应控制在阿克苏、喀什、巴音郭楞及吐鲁番等地区(州)的适宜县市，面积每年控制在6.67万公顷左右。目前阿克苏地区和新疆生产建设兵团农一师每年长绒棉种植面积占全疆长绒棉总面积的95%以上，为防止自然灾害带来的大面积减产，导致新疆长绒生产出现大的波动，应适当压缩该地区长绒棉的种植面积，扩大其他长绒棉适宜产区的面积。

(二)纤维品质有待提高

目前新疆生产的长绒棉的纤维品质与世界优质长绒棉生产国，如美国比马棉和埃及吉扎棉相比存在着明显的差距(表1-5)。大部分皮棉表现细长有余、强力不足、成熟度较差，尤其是纤维强力偏低。其主要原因为：①品种遗传特性的制约。新疆多数长绒棉品种的纤维比强度为40.6～43.4厘牛顿/特克斯，而国外优质长绒棉品种的比强度为46.2～47.6厘牛顿/特克斯。虽然近10多年来，新疆长绒棉品种的纤维品质已有了显著提高，单强已由过去的4.0克左右提高到4.5克以上，比强度从39厘牛顿/特克斯左右提高到了43.4～44.8厘牛顿/特克斯，但品种的综合性状尚不够理想。②昼夜温差大，夜间温度过低，秋季降温快，影响棉纤维的成熟。③栽培管理不当。如过早停水，种植密度过大。④采摘不及时，霜前霜后棉花混收等。

表1-5　中国各长绒棉产区主栽品种与埃及、美国长绒棉主栽品种纤维品质比较

<table>
<tr><th colspan="2">国家和地区</th><th>品种名称</th><th>主体长度（毫米）</th><th>比强度（厘牛顿/特克斯）</th><th>马克隆值</th></tr>
<tr><td rowspan="7">中国</td><td rowspan="2">喀什</td><td>新海14号</td><td>35.5</td><td>38.4</td><td>3.3</td></tr>
<tr><td>军海1号</td><td>40～41</td><td>40.6</td><td>3.0～3.4</td></tr>
<tr><td rowspan="3">阿克苏</td><td>新海14号</td><td>37.3</td><td>37.4</td><td>3.3</td></tr>
<tr><td>新海21号</td><td>35.5</td><td>40.7</td><td>4.1</td></tr>
<tr><td>新海9号</td><td>33.8</td><td>37.9</td><td>3.6</td></tr>
<tr><td rowspan="2">吐鲁番</td><td>新海5号</td><td>35.5</td><td>41.7</td><td>3.8</td></tr>
<tr><td>新海19号</td><td>36.7</td><td>39.1</td><td>4.0</td></tr>
<tr><td colspan="2" rowspan="5">美国</td><td>UA4</td><td>35.1～35.6</td><td>43.4</td><td>3.9～4.1</td></tr>
<tr><td>Pima S-7</td><td>35.1～35.6</td><td>42.3～44.5</td><td>3.8～4.0</td></tr>
<tr><td>DP HTO Pima</td><td>35.1～35.6</td><td>43.4</td><td>3.8～4.0</td></tr>
<tr><td>DP White Pima</td><td>35.1～35.6</td><td>43.4</td><td>3.7～3.9</td></tr>
<tr><td>比马长绒</td><td>34.8</td><td>45.6</td><td>3.9</td></tr>
<tr><td colspan="2" rowspan="2">埃及</td><td>吉扎70</td><td>34.8</td><td>44.4</td><td>4.3</td></tr>
<tr><td>吉扎90</td><td>34.6</td><td>44.4</td><td>4.3</td></tr>
</table>

针对上述现象应采取相应的措施，尤其是从品种和栽培管理入手，提高原棉品质，提升新疆长绒棉在国内外市场上的竞争力。

1. 选育和推广高产优质多抗的早中熟长绒棉新品种

根据国内外纺织品市场对纤维品质的要求，新疆长绒棉育种目标应主攻超级长绒和长绒，兼顾海岛型中长绒棉。超级长绒棉 2.5%跨长应大于 38 毫米，比强度 49 厘牛顿/特克斯以上，马克隆值 3.7～4.0，力争纤维整齐、色白、含糖微或无。长绒类 2.5%跨长应在 35 毫米以上，比强度 46 厘牛顿/特克斯以上，马克隆值 3.6～4.2，目前生产的长绒棉大多在这一范围。同时也应注意选育和种植纤维较短，但整齐度和成熟度良好、强力高、马克隆值在 3.0 左右的中长绒棉，以满足当前纺织工业的需求。

2. 注重新品种高产优质配套栽培技术的研究和推广

首先要摸清新品种的生长发育特征特性，研究其高产的生理机制，并制定出包括合理密植、科学施肥、化学调控和合理灌溉等一整套综合栽培技术，充分发挥新品种的产量潜力。

(三)品种退化、混杂情况严重

目前长绒棉种植区品种混杂和退化现象普遍存在，一地多种，相邻插花种植，再加上良种繁育体系不健全，造成生物学混杂和机械混杂十分严重。南疆目前种植的长绒棉品种有新海 13 号、新海 14 号、新海 16 号、新海 21 号等多个品种，因未实行区域化种植，造成生产区域内各个品种面积小、品种多的局面，难以达到纺织部门为保障棉纱质量的统一性而提出的大批量棉花的一致性要求，严重影响长绒棉的竞争力。品种退化现象也较普遍。例如，南疆长绒棉区的主栽品种之一新海 14 号，该品种早熟性较好、易于管理，但后期易早衰、抗病性差。加上近几年不注意做提纯复壮工作，品种退化较严重，上部结铃优势一直没有体现出来，制约了该品种单产水平的提高和进一步推广应用。而东疆吐鲁番盆地长绒棉区，多年来一直种植新海5号、9号，缺乏能替换它们的优良品种。从新疆现有的品种来看，其纤维品质、产量、抗病性等综合性状方面有许多不足，影响了产品的竞争力。

因此，应进一步健全良种繁育体系，以保持品种典型性状和种子质量，通过“保存保壮”和“库存低繁”良种繁殖制度，保持品种的种性和纯度，防止品种的混杂和退化，充分发挥优良品种的增产潜力。

(四)棉田枯萎病和黄萎病加重

枯萎病是长绒棉生产中的重要病害，是限制长绒棉进一步发展的一个重要因素。20世纪90年代以来，南疆棉区由于从内地棉区大量引进陆地棉新品种，棉花种植面积迅速扩大，导致了棉花倒茬难，连作年限长；再加上对棉花枯萎病和黄萎病检疫不够重视，使病区迅速蔓延，无病田减少，轻者引起棉花后期早衰，影响产量和品质；重者造成大面积死亡，甚至绝产。枯萎病和黄萎病的蔓延已成为限制长绒棉种植面积进一步扩大的主要原因。

减少枯萎病和黄萎病的危害，其措施有二种：一是抗病品种的应用，这是解决病害问题最直接的方法，对于发病较重的棉田应种植新海21号等抗病性较强的新品种。二是进行水旱轮作，消灭病菌，降低病情指数，使重病田变为轻病田或无病田。

(五)早衰面积扩大

近几年来长绒棉早衰情况发生较为普遍，造成棉株中上部蕾铃的大量脱落，棉花吐絮不畅、夹壳，僵瓣花增多，影响了长绒棉的产量与品质。造成长绒棉早衰的原因主要有品种、栽培管理、土壤肥力、施肥、病虫害和气候等因素。解决的主要措施有以下几点。

1. 种植抗病和中后期长势强的新品种 新海15号、新海17号和新海21号均比新海14号有一定幅度的增产，这3个新品种的上部、顶部的成铃率均高于新海14号，中后期生长势也明显优于新海14号。

2. 加大有机肥投入量，改良土壤状况 连年大量施用化肥，造成土壤板结，质地变差，土壤生产力下降。对盐碱地和沙性土壤要增施有机肥，每667平方米500～1000千克；种植油葵绿肥，棉秆翻压还田，施用油渣类有机肥，结合施用基肥等措施提高土壤有机质含量，由此可以缓解沙壤地缺肥、避免早衰。同时应加大棉田后期的施肥量，改善棉田后期缺肥的现象。

3. 合理化学调控 在管理过程中依据“早、轻、勤”塑造合理株型，靠化学调控保持节间高度，使棉花正常稳健生长。

4. 及时防治虫害 针对长绒棉区后期棉田害虫优势种发生的动态防治虫害，重点防治棉蓟马，降低虫量，减轻危害。

第三节 长绒棉的形态特征与果枝类型

一、长绒棉的形态特征

长绒棉植株较陆地棉高大，茎秆光滑或多茸毛，油腺比陆地棉明显。子叶扁长肾形、深绿色，基部无红斑；真叶叶片较大，3～5裂，多数3裂，裂口明显比陆地棉深，长度约占叶片的三分之二，裂片长，渐尖，基部稍有收缩，裂口处通常相折叠，一般无茸毛，但军海 1 号和新海 3 号茸毛较多；苞叶长宽近似相等，心脏形，边缘有 10～15 个锐尖齿，齿的长度超过宽的三倍以上。花比陆地棉大，深黄色，花瓣基部有红斑，花冠开展度不大，花药排列较密，花丝长度上下相等，柱头较长。结铃性较强，铃较陆地棉小，单铃重 2.5～3 克；通常 3 室，中部有出现 4 室；铃较长，基部宽而顶部尖；铃面粗糙，有明显的凹点和油腺；每室种子 5～8 粒。衣分率低，一般在 30%～35%之间；纤维细长有丝光，一般在 35 毫米以上。种子多为光子或端毛子(一端或两端有毛)(见彩图)。

二、长绒棉的果枝类型

根据果枝节数的遗传特性，不同品种的棉花，果枝节数不同，通常将棉花的果枝类型分为零式果枝、一式果枝和二式果枝(又称无限果枝)。零式果枝型，无果节，铃柄直接着生在主茎叶腋间，并在主茎同一节上长出几个铃。一式果枝型只有一个果节，节间很短，棉铃常丛生于果节顶端。以上两种类型统属有限果枝型。二式果枝型可形成多个果节，生长条件适合时可不断延伸增加果节，所以又称为无限果枝型，如新疆种植的长绒棉品种新海 2 号、5 号属无限果枝。根据果枝节间的长短，无限果枝型棉花的株型又可进一步划分为紧凑型、较紧凑型、较松散型和松散型四种。果枝节间长度只有 3～5 厘米的属紧凑型，由于果节很短，棉铃排列很密，株型显紧凑；果枝节间长度在 5～10 厘米之间的属较紧凑型；果枝节间长度在 10～15 厘米的属较松散型；果枝节间长度 15 厘米以上的属松散型，此型棉铃排列稀疏，株型显得松散。此外，也有一些品种是属于混合类型的，同一棉株不同部位可兼有有限及无限两种类型的果枝，称之为混生类型。长绒棉品种中零式果枝型、混生类型和无限果枝类型均有，但多以零式果枝型和混生类型为主。新疆选育的长绒棉品种大多数属于零式果枝。

零式果枝长绒棉品种仅具有主茎顶芽一个有效生长点，其主茎叶腋处的花芽分化成铃，早熟性突出，但纤维强度偏低；无限果枝型品种则多表现出晚熟、产量变幅较大；混生类型品种除主茎有一个生长点外，在其主茎中上部的叶腋处生长出少量的有限果枝，并在有限果枝顶部生长数个蕾铃（图1-1），所以混生类型品种的现蕾总量多于零式果枝品种，但二者成铃总数差异不明显。混生类型品种的单铃重明显高于零式果枝品种，平均增加 0.14 克，子指、衣指也高于零式果枝品种，因此混生类型品种在单株产量上具有明显优势。

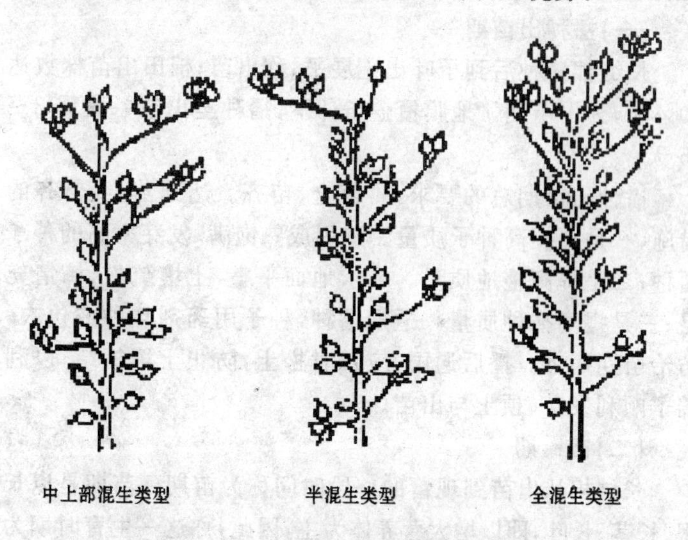

图 1-1　长绒棉零式果枝与有限果枝混生的不同形式

第四节　长绒棉的生长发育特点

一、长绒棉的生育期

长绒棉的一生从播种开始，经过出苗、现蕾、开花、结铃，直到吐絮和种子成熟。一般从播种到吐絮称为全生育期，从出苗到吐絮称生育期。在地膜覆盖条件下，南疆长绒棉全生育期一般为 140～160 天，生育期 130～140 天；吐鲁番盆地长绒棉全生育期一般为 130～140 天，生育期 120～130 天。根据棉花的器官形成，长绒棉的一生可分为播种出苗期、苗期、蕾期、花铃期和吐絮期 5 个生育时期。

（一）播种出苗期

长绒棉播种后到子叶出土展平，称出苗；棉田出苗株数达 50%时，为出苗期。地膜覆盖条件下，播种至出苗一般需 8～15 天。

播种出苗期总的要求是：苗全、苗齐。达到苗全、苗齐的措施，一是要提高种子质量。选用成熟饱满、发芽率高的种子播种；二是提高整地质量。要求地面平整，土壤疏松，墒情充足；三是提高播种质量。适期播种，种子用药剂拌种或包衣，防治苗期病害。播后遇雨，应及时松土，防止土壤板结，以利棉子顺利发芽、顶土与出苗。

（二）苗　期

长绒棉从出苗到现蕾的一段时间称为苗期。苗期是以长根、长茎、长叶，即以增大营养体为主，因此，称这一生育时期为营养生长期。根、茎、叶生长速度，以根的生长最快，根是这一时期的生长中心。新疆长绒棉产区，苗期一般为 30～40 天。

南疆地区，长绒棉在地膜栽培条件下，子叶展平时已有6个叶原基分化；一片真叶期是花芽分化临界期，在第一片真叶展平前，只要气温达到19℃以上，即开始花芽分化；现蕾前有9个叶原基分化，1～6个分化果枝，2～10个分化花芽。从花芽开始分化至现蕾历时15～20天。在南疆棉区地膜覆盖条件下，4月上旬播种，4月20日前出苗，4月25日后气温已上升到19℃，花芽即开始分化，5月20日前后可现蕾进入蕾期。

苗期棉田管理总的要求是：培育壮苗，促进早发。

(三)蕾　期

长绒棉现蕾至开花的一段时期称为蕾期，蕾期一般25～30天。长绒棉现蕾以后，进入营养生长和生殖生长并进的时期，但仍以营养生长占优势，以增大营养体为主。这时期随着气温的升高，叶片同化作用和根系吸收能力均增强，地上部和地下部的生长均加快，根系继续向深、广发展，茎、枝（无限果枝型）、叶不断增大，蕾数逐渐增多。这一时期，由于棉株生长速度加快，吸收的肥、水相应增多，而且对肥、水的反应十分敏感。如肥、水不足，棉株生长缓慢，难以搭起丰产架子；若肥、水过多，造成棉株生长过旺，营养物质大量消耗于茎秆和枝叶上，花蕾得不到充足的营养，就会导致蕾铃生理脱落加重。

蕾期棉田管理，要在苗期壮苗早发的基础上，实现增蕾稳长。主要通过肥、水，配合中耕、化学调控等，合理运用促进与控制措施，调节好棉株地上部和地下部，营养生长和生殖生长的关系，继续促进根系发展，促进棉株营养生长和生殖生长协调并进，既要避免因肥、水不足，过分抑制营养生长而影响蕾的增长，又要严防肥、水过多，引起旺长，导致早蕾脱落。在水肥条件较好的棉田，应以控为主，控中有促。为了控制徒长，一般苗期不追肥或少量追肥，以实现蕾期稳长。对于瘦薄旱地棉田，则宜以促为主。

(四)花 铃 期

长绒棉从开花到棉铃吐絮所经历的这段时期，称花铃期。南疆长绒棉产区花铃期为65～70天，东疆长绒棉产区花铃期为55～65天。

花铃期棉株生长发育由营养生长与生殖生长同时并进逐渐转向以生殖生长为主，在长茎、枝(无限果枝型)、叶的同时，现蕾、开花、结铃。花铃期是产量形成的关键时期。按照棉株生育特性，花铃期又可分为初花期和盛花结铃期两个时期。初花期通常指从棉株开始开花，到第四、第五果枝第一果节开花，平均单株每天开花数达到一个以上的这段时间，长约15天。在这段时间内，棉株营养生长和生殖生长并进，是棉花一生中生长最快的时期，所以，有人把初花期称为大生长期。初花期过后便进入盛花结铃期，棉株营养生长逐渐减慢，生殖生长开始占优势，营养物质的分配转为以供应棉蕾、铃生长为主。这个时期的主茎日增长量下降，此后渐趋停止增长，现蕾速度也逐渐减慢，转向以增铃为主；叶面积系数达到棉花一生的最大值。整个花铃期，棉株根系生长速度低于地上部，而根系的吸收能力进入最旺盛时期。

花铃期的棉株对肥、水的吸收都达到一生中的高峰。这时如肥、水过多或过少，均会直接影响到棉株生长速度，以至影响到叶片光合生产率和有机营养的合理分配。如初花期肥、水过多，特别是氮肥过多，往往引起旺长，使有机营养过多地用于营养生长，导致棉株中、下部蕾铃大量脱落；肥、水不足，则又会使棉株生长受到抑制。盛花结铃期，肥、水过多，会导致贪青晚熟；肥、水不足，会造成光合生产率下降，使叶片过早衰老。因此，此期的棉田管理，仍然以合理施肥、灌水为中心，辅之以中耕、使用生长调节剂等。在蕾期增蕾稳长的基础上，调节好棉株生长发育与外界环境条件的关系，使个体与群体、营养生长和生殖生长相互协调。棉株既要长出足够的果枝和果节，又要保持棉田有良好的光照条件，减少蕾铃脱落，多结蕾铃，实现“三桃齐结”。

（五）吐絮期

棉株从开始吐絮到收花结束，称为吐絮期。长绒棉的吐絮期历时 70 天左右。

棉株吐絮后，棉株生理活动逐步减弱，叶片光合能力下降，根系活力也减退。但叶片和根系仍保持一定水平的生理功能，以保证棉株上部的秋桃及伏桃充实和体积增大。吐絮期棉株对氮素营养的要求减弱，一般宜停止氮肥的施用。如果氮肥施用过多，铃壳会增厚，成熟延迟，不利于开裂吐絮。在吐絮期棉花需水量也减少，一般应保持土壤水分为田间最大持水量的 65%左右，水分过多，棉花易迟熟；但如土壤水分低于田间最大持水量的 50%时，又会影响种子和纤维的发育。

长绒棉吐絮期的棉田管理，重点要保持棉根和棉叶的生理功能，防止早衰，保铃增重，另一方面又要控制肥水的应用，使棉株不贪青晚熟。

二、长绒棉的生长发育特点

长绒棉和陆地棉属不同的棉花栽培种，它们在生长发育特性上存在着一定的差异。长绒棉的生长发育特点是：

（一）种子发芽和出苗快

由于长绒棉种子大，无明显休眠期，种子蛋白质含量比陆地棉低，而脂肪含量比陆地棉高，抗低温、耐盐碱的能力相对较强，吸收水分和发芽比陆地棉快，因此，同期播种，长绒棉比陆地棉出苗早1～2天，而且保苗率高，易做到壮苗早发。

（二）长绒棉根系发达，生长势强

据新疆吐鲁番试验站调查，长绒棉（新海棉）侧根伸展范围较陆地棉（108夫）约大1倍。塔里木大学测定，长绒棉从苗期到花铃期的各个生育时期的根系重量均比陆地棉大。由于长绒棉根系发达，所以其抗旱性和生长势明显强于陆地棉。在水肥条件适宜情况下，表现为茎秆粗壮，叶片肥大，叶色深绿。长绒棉具有较强的顶端生长优势，棉株生长势强，尤其头水偏早、水量偏大时，易发生旺长，引起蕾铃大量脱落，形成"高、大、空"现象。

（三）前期发育早，铃期长，后期易早衰

零式果枝长绒棉前期发育早，一般第一片真叶展平时就开始花芽分化。果枝始节低，一般在3～4节。而陆地棉第一果枝始节一般在5～6节。长绒棉现蕾较早，同期播种条件下一般比陆地棉早现蕾5～10天。长绒棉与陆地棉相比，棉铃发育期（开花至吐絮）较长，一般比陆地棉长10天左右，需要较多的积温和光照及充足的水、肥供应。由于前期发育早，而铃期较长，长绒棉后期易出现早衰。

长绒棉的蕾铃生理脱落与陆地棉有明显的不同。首先是结铃特性不同，它只有主茎而无果枝，自主茎下部第三至第四节开始每节叶腋间最多能结3个铃，一般能保住1～2个铃。蕾铃脱落在开花前甚少，一般约10%，大量脱落从开花后开始，特别是在灌第一水后，脱落高峰一般在盛花结铃期，即7月中旬至8月中旬。脱落的蕾铃主要是现蕾不到10天的幼蕾和开花后不到10天的幼铃。陆地棉常因铃柄基部产生离层而引起幼铃脱落，长绒棉一般不产生离层，幼铃干枯在主茎果节上很难掉落。陆地棉蕾铃脱落一般自下而上逐渐增多，而长绒棉中下部蕾铃的脱落多于中上部。长绒棉与陆地棉相比，蕾铃脱落率较低，一般陆地棉脱落率60%～70%，而长绒棉为40%～50%，长绒棉蕾和幼铃的脱落的比例约各占50%。长绒棉的蕾铃脱落与水肥条件有密切的关系。在正常的水肥管理条件下蕾铃脱落率在50%左右，高产棉田可降至30%或更低一些；但在水肥管理不当时，蕾铃脱落率可高达70%～80%。一般水足肥多旺长的棉田以落蕾为主，而缺水脱肥早衰的棉田以幼铃干枯为主。所以通过各种技术措施协调好蕾铃期营养生长和生殖生长的关系，促进前期早发稳长，减少中下部蕾铃脱落，是夺取长绒棉高产的关键。

第五节　长绒棉新品种(系)

从1964年到2005年，新疆选育的长绒棉品种已达到25个，本章介绍近十年新疆推广的长绒棉优良新品种，主要内容为品种特征特性、产量水平、纤维品质、抗逆性、适宜种植地区及栽培技术要点。

一、新海13号

新疆生产建设兵团农一师农科所以埃及棉A杂交铃为父本、新海8号为母本杂交选育而成。1995年通过新疆维吾尔自治区农作物品种审定委员会审定。

(一)特征特性

全生育期146天。植株呈筒型，株高80～90厘米，零式加有限混生株型，枝叶疏朗，通光性好；单铃重3.0克，衣分30.0%；长势旺盛，抗逆性强，在环境条件比较差的条件下能获得较高产量;但不耐水、肥,宜出现旺长,从而造成蕾铃大量脱落,贪青晚熟。

(二)纤维品质

该品种的突出优点是纤维品质优良,纤维主体长度 36.5 毫米,单纤维强度 5.1 克,纤维细度 7 255 米/克,成熟系数 2.02,断裂长度 36.7 千米。HVI900 测定结果(ICC 标准):2.5 跨距长度 36.2 毫米,纤维比强度 34.3 厘牛顿/特克斯,马克隆值 3.7。各项纤维物理指标可与埃及优质长绒棉相媲美。

(三)产量表现

新疆区域试验结果,皮棉产量 74.7 千克/667 平方米。

(四)适宜地区和栽培技术要点

1. 适宜地区 适宜南疆长绒棉产区种植。

2. 栽培技术要点 中前期应注意氮肥用量,中后期防止受旱,轻打顶,以保证顶部产量优势。

二、新海 14 号

新疆生产建设兵团农一师农科所以 1120×44116 杂交选育而成。1999 年通过新疆维吾尔自治区农作物品种审定委员会审定。

(一)特征特性

全生育期 144 天。植株呈筒型,株高 80～90 厘米;前期生长缓慢,中下部节间紧凑,上部长出长果枝,田间整齐度好;零式果枝,第一果枝节位低,结铃性强;吐絮畅,易拾花;铃重 2.7 克,衣分 32.9%,子指 12.4 克,衣指 6.1 克,种子披灰绿色短绒,毛籽。

(二)纤维品质

HVI900 测定结果(ICC 标准):2.5%跨长 37.5 毫米,比强度 30.1 厘牛顿/特克斯,马克隆值 3.8,整齐度 47%,伸长率 9.7%。

(三)产量表现

1991～1993 年新疆长绒棉区域试验 3 年平均籽棉产量 258.7 千克/667 平方米,为对照的 140.3%,霜前皮棉 79.6 千克/667 平方米,为对照的 147.3%,居参试品系之首,且具有广泛的适应性与稳定性。

(四)抗 逆 性

适应性强,抗逆性较好,耐低温,较抗蚜虫,抗黄萎病。

(五)适宜地区和栽培技术要点

1. 适宜地区 新疆南疆和东疆长绒棉区。

2. 栽培技术要点 南疆地区 4 月上中旬播种为宜,保苗 1 万～1.2 万株/667 平方米;前期以促为主,应早中耕,早定苗,早追肥,促壮苗早发;中期促控结合,实现稳长多结蕾铃;施足基肥,重施花铃肥,生育期灌水 3～4 次,8 月 20～30 日停水;一般不进行化学调控,长势偏旺可在花期每 667 平方米用 1 克缩节胺化学调控一次;注重叶病防治,防止后期早衰。

三、新海 15 号

新疆生产建设兵团农一师农科所于 1987 年以 1120 为母本,A 杂交铃为父本杂交选育而成。1999 年通过新疆维吾尔自治区农作物品种审定委员会审定。

(一)特征特性

属中早熟品种,生育期 136 天左右。霜前花率 90.6%以上;植株筒型,株高 70 厘米;零式果枝,果枝始节第三至第四节，果枝15台，单株结铃平均16.8个，单铃重2.6克，吐絮畅，絮洁白，衣分33.2%，衣指5.6克，子指11.3克。

(二)纤维品质

HVI900测定结果(ICC标准)：2.5%跨长35.1毫米，长度整齐度44.6%，比强度33.6厘牛顿/特克斯，马克隆值3.8，反射率77%，黄度7.8，气纱品质2564。该品种突出特点是纤维品质好，能纺80～120支的高支纱。

(三)产量表现

新疆长绒棉区域试验结果，皮棉产量76.9千克/667平方米。

(四)抗 病 性

高抗枯萎病。枯萎病病圃鉴定，蕾期病情指数2.1，剖秆鉴定病情指数2.5，均属高抗。

(五)适宜地区及栽培技术要点

1. 适宜地区 适宜在南疆长绒棉产区种植。

2. 栽培技术要点 南疆播种期在4月上旬，密度1.1万～1.2万株/667平方米；施足基肥，花铃肥追施两次，以确保上部结铃优势。

四、新海16号

新疆农业科学院经济作物研究所以新海6号为母本，与吉扎70复合杂交选育而成。2000年通过新疆维吾尔自治区农作物品种审定委员会审定。

(一)特征特性

属中熟品种，生育期141天。生长势较强，零式分枝，株高77厘米，棉株中下部混生有限果枝，茎秆较硬，果枝15台，铃柄较长，铃长卵圆形；单铃重3.2克，吐絮畅，衣分32.4%，衣指 6.0 克，子指 12.6 克。

(二)纤维品质

农业部棉花纤维品质监督检验测试中心测定结果(HVICC 标准)：2.5%跨长 35.8 毫米，比强度 32.7 厘牛顿/特克斯，马克隆值 3.7。

(三)产量表现

1997～1999 年新疆区域试验结果，皮棉产量 81.5 千克/667 平方米，比对照品种新海 12 号增产 21.3%；2000 年新疆农一师十二团创出每 667 平方米霜前皮棉产 134.6 千克的高产记录。

(四)适宜地区及栽培技术要点

1. 适宜地区 适宜南疆长绒棉区种植。

2. 栽培技术要点 4 月上中旬播种为宜，保苗密度 1.00 万～1.13 万株/667 平方米；播后即进行深中耕，早定苗，早追肥，促壮苗早发；生育中期的管理应坚持深沟浅水、促控结合的原则，应避免水肥齐攻。打顶时间宜在 7 月 20～25 日。生育后期适当拉大第三水和第四水的间隔时间，停水不宜过早，一般在 8 月 25 日前后。对蕾期偏旺的棉田，在头水前可适当喷施缩节胺进行调控。

五、新海 17 号

新疆生产建设兵团农一师农科所于 1991 年以(新海 8 号×吉扎 75)×(新海 10 号×A)进行杂交选育而成。2000 年通过新疆维吾尔自治区农作物品种审定委员会审定。

(一)特征特性

生育期 133 天，全生育期 143 天，霜前花率 90%左右。植株筒型，株高 95～100 厘米，茎秆中等粗细，茎表茸毛稀少，花冠金黄,具有深红色花心。零式果枝,主茎节间长度6~7厘米,第一果枝着生节位2~3节,果枝14~15台。子叶肾形,绿色;真叶为普通叶,绿色,裂片5片,裂口较深,叶片较大、较厚,叶茸毛一般。铃卵圆形,铃面较粗糙,有凹陷油腺点,铃嘴较尖,有铃肩,铃壳较薄,成熟前有褐斑,铃多为3室。吐絮畅而集中,含絮力适中,易采摘,絮色洁白,有丝光。种子圆锥形,黑褐色,较大,半光子。单铃重2.9~3.0克,衣分32.97%,衣指6.3克,子指12.8克。

(二)纤维品质

农业部棉花纤维品质监督检验测试中心测定结果(HVICC标准):2.5%跨长35.5毫米,整齐度44.4%,马克隆值4.3,比强度32.8厘牛顿/特克斯,光反射率78.7%,黄度7.8,环纱缕强173.7,气流纺织指标2 479.7。

(三)产量表现

1997~1999年新疆第七轮长绒棉区域试验3年结果:每667平方米籽棉产量为296.1千克,较对照新海12号增产35.9%;每667平方米霜前皮棉产量为89.3千克,较对照增产33.0%,在10个品种中居第一位。2000年参加新疆长绒棉生产试验,每667平方米产霜前皮棉92.4千克。

(四)抗逆性

该品种耐水肥,耐瘠薄,抗叶病,不早衰,抗枯萎病、耐黄萎病。

(五)适宜地区和栽培技术要点

1. 适宜地区 适宜南疆长绒棉区种植。

2. 栽培技术要点 一般4月上中旬播种,地膜栽培。每667平方米种植1.0万~1.2万株为宜。在施肥方面,有机肥和无机肥搭配,70%左右的氮肥、90%以上的磷肥作为基肥深施。追肥集中在初花期使用。灌好治碱水，生育期间第一水适当推迟，做到不淹不旱，第二水、第三水要及时，8月中旬停水。

六、新海18号

新疆生产建设兵团农一师农业科学研究所以89-186为母本、88-38为父本，于1990年进行杂交选育而成。1997～1999年参加新疆第七轮长绒棉区域试验。2000年通过新疆维吾尔自治区农作物品种评定委员会审定并命名。

(一)特征特性

生育期139天，全生育期150天，霜前花率90%。株型筒型，长势较强，株高90～100厘米。茎秆较粗，茎秆、叶背茸毛较少。零式果枝，铃柄较长，第一果枝着生节位3～5节，果枝台数15～16台，主茎节间较长。叶裂较深，叶色绿。铃长卵圆形，铃重2.93克。吐絮畅而集中，易拾花，色泽洁白。衣分31.43%，衣指5.61克，子指12.35克。

(二)纤维品质

农业部棉花纤维品质监督检验测试中心测定结果(HVICC标准)：2.5%跨长35.0毫米，长度整齐度45.8%，比强度34.7厘牛顿/特克斯，马克隆3.7。

(三)产量表现

1997～1999年新疆第七轮长绒棉区域试验产量结果，每667平方米籽棉产量281.9千克，为对照的129.4%；每667平方米皮棉产量为88.6千克，为对照的126.3%；每667平方米霜前皮棉产量为82.8千克，为对照的123.2%，霜前花率90%。

(四)抗 逆 性

生长势强,不早衰,较耐旱;抗叶病,抗黄萎病,

(五)适宜地区和栽培技术要点

1. 适宜地区 适于南疆长绒棉产区种植。

2. 栽培技术要点 最佳播期4月10～15日,播种密度1.3万～1.6万株/667平方米。本品种长势较强,应适当控制肥料用量,施足基肥,盛蕾期至初花期追肥,促进棉株在初花以前早发、稳长,防止疯长;花铃期进行叶面施肥,使结铃盛期稳长不脱肥,不早衰,不贪青。早中耕、勤中耕,早定苗,早追肥,以利壮苗早发,中期促控结合,实现稳产多结铃;7月15日左右打顶,加强水肥管理,注重叶病防治,防止后期早衰。生育期灌水3～4次,头水6月中下旬,以后每隔10～15天灌水一次,沙滩地可适当增加灌水,8月20～30日停水。本品种植株较高,对缩节胺不敏感,不易控制,应在苗期便开始化学调控,塑造理想株型,推迟封行时间,形成高光效棉田群体结构,一般全生育期每667平方米共喷施缩节胺18克左右,每667平方米苗期0.5克、蕾期3～4克,花铃期4～6克,至打顶为止,共进行3～4次化学调控为宜。

七、新海19号

新疆农业科学院吐鲁番长绒棉研究所、新疆农业科学院经济作物研究所和中国科学院遗传与发育生物学研究所等单位合作以8763-μ为母本、82-6-17为父本杂交选育而成。2002年通过新疆维吾尔自治区农作物品种审定委员会审定。

(一)特征特性

生育期120天左右,霜前花率95%以上。植株塔型,株高90厘来,茎秆光滑无绒毛,属Ⅰ-Ⅱ型分枝类型;果枝18～

20台，第一果枝着生节位4.9；叶片大小中等；结铃性强；吐絮畅且集中，易拾花，絮色洁白。

（二）纤维品质

HVI900测定结果（HVICC标准），主体长度36.7毫米，整齐度46.7%，比强度39.1厘牛顿/特克斯，马克隆值4.0。

（三）产量表现

2000～2002年连续多点试验，平均单株铃数20.2个，单铃重3.1克，衣分33.9%，平均皮棉产量88.6千克/667平方米，分别比新海5号和新海9号增产27.3%和28%。

（四）抗 病 性

抗Ⅱ、Ⅲ型枯萎病，抗倒伏。

（五）适宜地区和栽培技术要点

1. 适宜地区 适宜吐鲁番盆地棉区种植。

2. 栽培技术要点 当5厘米地温稳定通过14℃即可播种，火焰山南棉区播种适期为3月25日至4月10日，火焰山北棉区播种适期为4月1～15日。视土壤质地和肥水条件，保苗密度6 000株/667平方米左右。早中耕、早定苗，头水前中耕2～3次，耕深10～15厘米。棉苗现行时定苗，3片真叶前定完。每667平方米基施农家肥1 000～1 500千克或棉花专用肥20～40千克；早施、重施花铃肥，开沟追施尿素20千克，磷酸二铵5千克；中后期根外追肥3～4次，每667平方米喷施尿素、磷酸二氢钾各100克或喷施棉花专用叶面肥。适时灌好头水是棉花丰产丰收的关键，头水见花灌水，二水紧跟，间隔时间10～15天。全生育期灌水，火焰山南棉区5～6次，火焰山北棉区4～5次。7月底打顶，去掉1叶1心；8月初摘除无效枝条，减少养分损耗，增强田间通风透光，同时进行人工除草。化学调控要掌握早、轻、勤的原则，全生育期喷缩节胺3～4次，视棉花长势而定，每667平方米分别在盛蕾期喷施2～3克，在初花期喷施3～4克，在盛花期喷施4～5克，要掌握好对水浓度，否则达不到预期效果。

八、新海20号

新疆农业科学院经济作物研究所以丰产性强的86430品系作为母本、品质较优的88-346品系作为父本于1992年配置杂交组合，通过连续两年的回交，经南繁北育，以及多年连续定向选育而成。2003年通过新疆维吾尔自治区农作物品种审定委员会审定。

（一）特征特性

属早熟零式分枝品种，生育期130～134天，株型呈筒型，光能利用率高，生长稳健，株高88.5～96.7厘米；第一果枝节位较低，平均2.7节，果枝数平均14.9台，单株平均成铃14.01个；叶片中等大小，呈深绿色，茎秆茸毛较多；铃长卵圆形，铃重3.2克，棉子近圆锥形，披浅绿色短绒，衣分30.9%～33.04%，衣指5.51～6.28克，子指11.96～12.06克；吐絮畅而集中，抗病性和丰产性好。

（二）纤维品质

HVI900测定结果（HVICC标准）：2.5%跨长为36.9毫米，比强度48.6厘牛顿/特克斯，马克隆值4.0，整齐度48.3%，综合气纱品质2481，原棉可纺120～140支高支纱。品质优良，纤维色泽洁白。

（三）产量表现

1998～2000年西北内陆棉区早熟长绒棉区域试验中，每667平方米霜前籽棉产量303.4千克，较对照品种新海14号增产31.9%；每667平方米霜前皮棉产量97.3千克，比对照增产33.6%，位居参试品种第一位。2001～2002年生产试验中，该品种每667平方米籽棉、皮棉、霜前皮棉产量分别为274.4千克、90.6千克和87.4千克，分别位于5个参试品系的第一位、第二位和第一位。

（四）抗病性

抗（耐）枯萎病，叶斑病发病轻，较耐水肥，适应性强。

（五）适宜地区及栽培技术要点

1. 适宜地区 适宜于南疆库尔勒和阿克苏地区等长绒棉早熟产区种植。

2. 栽培技术要点 在4月上中旬播种为宜，每667平方米保苗1.2万～1.6万株。播后即进行中耕，提早定苗、追肥，促壮苗早发。科学施肥、灌水，生育期内管理应坚持深沟浅水，促控结合的原则，以水控为主，避免大水大肥。

九、新海21号

新疆生产建设兵团农一师农业科学研究所于1993年以（新海8号×吉扎75）F_2×（新海10号×A杂交铃）F_2杂交选育而成。2003年通过新疆维吾尔自治区农作物品种审定委员会审定并命名。

（一）特征特性

生育期141天。株型筒型，较紧凑，株高95厘米左右；茎秆较粗且光滑；花金黄色；零式果枝，果枝数15台左右；子叶肾形，真叶叶裂5片，裂口较深，叶片较大，叶色深绿，叶片有茸毛；铃卵圆形，铃面有明显油腺点，铃嘴较尖，多为3室，铃大，铃柄长，絮色洁白有丝光；种子圆锥形，较大，黑褐色，毛子，披灰绿色短绒。结铃性强，丰产性好，单铃平均重3.1克，衣分32.1%；适应性强，产量高而稳定，吐絮畅而集中，易拾花。

（二）纤维品质

农业部棉花纤维品质监督检测测试中心对区域试验两年多点棉样分析，2000 年测定结果（HVICC 标准）：2.5%跨长 36.5 毫米，整齐度 48.3%，比强 33.5 厘牛顿/特克斯，马克隆 4.1，光反射率 73.1%，黄度 7.7，气流纺品质指标 2553；2001 年结果（HVICC 标准）：上半部平均长度 36.4 毫米，整齐度 85.8%，比强 43.4 厘牛顿/特克斯，马克隆 4.2，光反射率 75.5%，黄度 7.6。

（三）产量表现

2000～2001 年新疆第八轮长绒棉品种区域试验两年平均，每 667 平方米霜前籽棉 303.8 千克，比对照新海 14 号增产 32.0%，居第一位；每 667 平方米霜前皮棉 96.6 千克，较对照增产 32.7%。一般大田皮棉单产 110 千克以上，高产田皮棉每 667 平方米产 140 千克左右。

（四）抗病性鉴定

抗黄萎病，2001 年新疆植保站抗病鉴定抗黄萎病，病情指数 13.5；2002 年鉴定耐黄萎病，病情指数 30.2。不早衰，抗叶病，高抗疫霉病，不抗枯萎病。

（五）适宜范围及栽培技术要点

1. 适宜地区 适宜阿克苏、库尔勒、喀什、和田等地无枯萎病区和轻病区种植。

2. 栽培技术要点 适时播种，一般播期 4 月上中旬，4 月 5～15 日为最适播期；每 667 平方米种植 1.5 万～1.8 万株，每 667 平方米保苗 1.28 万～1.4 万株。施足基肥，每 667 平方米基施油渣 80～100 千克、尿素 20 千克和重过磷酸钙 15 千克。早施重（zhòng）施花铃肥，追肥两次，第一次头水前每

667 平方米施尿素 8 千克，磷酸二铵 7 千克；第二次于二水前每 667 平方米施尿素 10 千克。生育期灌水 4 次，第一次于 6 月中下旬开始，8 月下旬停水；为防止后期早衰，需施足基肥。依棉田长势，适时、适量化学调控，株高控制在 95 厘米左右。

十、新海 22 号

新疆农垦科学院棉花所于 1985 年以（新海 5 号×佩 784）杂交后代优选单株为母本、77-18 优选单株为父本进行复合杂交，杂交后代经过南繁加代后，在南北疆进行定向系统选育的优良品系 85A-1-14。2001～2002 年参加新疆品种区域试验和生产示范。2004 年由新疆维吾尔自治区农作物品种审定委员会审定并命名。

（一）特征特性

属特早熟长绒棉品种，生育期 130 天左右，全生育期 143 天，霜前花率 95%左右。植株筒型，株高 85～95 厘米，茎秆粗壮，茎表光滑，无油腺或稀少；花冠金黄，具有深红色花心。零式果枝，第一果枝着生节位 2～3 节，果枝台数 14～15 台；子叶肾形，绿色；真叶为普通叶，绿色，裂片 4 片，裂口较深，叶片较大，较厚，叶茸毛一般；铃卵圆形，铃面光滑，无凹陷油腺点，铃壳较薄，铃室 3～4 室，多为 3 室；单铃重 3～3.5 克，衣分 33%～35%。吐絮畅、集中、含絮力适中，易拾花；絮色洁白，有丝光；种子圆锥形，浅褐色，较大，光子或端毛子。

（二）纤维品质

农业部棉花纤维品质监督检测测试中心检测结果（HVICC 标准）：2.5%跨长 35.6～37 毫米，比强度 33.7～37.5 厘牛顿/特克斯，伸长率 7.67%，马克隆值 4.4，反射率 74.6%，黄度为 8.6，纺纱均匀性指数 166.7，整齐度84.9%～

86.5%。

(三)产量表现

早熟,结铃性强,丰产性好,适应性强,产量高而稳定。2001年新疆长绒棉品种区域试验结果,每667平方米霜前籽棉产量为282.8千克,较对照新海14号增产21.4%,每667平方米霜前皮棉产量为88.6千克,较对照增产21.9%。2002年新疆长绒棉品种区域试验结果,每667平方米籽棉产量290.5千克,较对照新海15号增产6.4%,排第一位;每667平方米皮棉产量97.0千克,较对照新海15号增产4.5%,也居第一位;每667平方米霜前皮棉产量为94.5千克,霜前花率97.4%。每667平方米大田籽棉产量258~337千克。

(四)抗病性

2001年经新疆植保站鉴定结果,抗黄萎病,病情指数15.3;耐水肥,耐瘠薄,不早衰。

(五)适宜地区及栽培技术要点

1. 适宜地区 适宜北疆棉区的石河子、奎屯和南疆棉区等地种植。

2. 栽培技术要点 北疆棉区适宜播期为4月中旬,每667平方米保苗1.2万~1.5万株。施足基肥,每667平方米基施尿素30~35千克,重过磷酸钙15~20千克。生育期追肥两次,第一次每667平方米追施尿素8千克,磷酸二铵8千克;第二次每667平方米追施尿素10千克。沟灌地,全生育期浇水4~6次,6月下旬浇第一水,水量宜小不宜大,每667平方米浇水量一般在40~50立方米;第二水紧跟,在浇头水后10天内浇第二水,时间约在6月底至7月初,每667平方米浇水量60~70立方米;8月中下旬停水。滴灌地,全生育期浇水9～10次，6月中上旬浇第一水，8月下旬或9月上旬停水，头水和最后一水宜少浇，每667平方米每次浇水量为15～20立方米，其他各次浇水量为20～25立方米。注意防止后期脱肥、受旱。依棉田长势，适时、适量化学调控，南疆棉区对生长稳健棉田一般不进行缩节胺化学调控，但对生长偏旺棉田每667平方米可喷施4～5克缩节胺，株高控制在95厘米左右为宜；打顶宜在7月25～30日前完成。北疆棉区，应分5次调控，在苗期棉株3～4叶期，每667平方米缩节胺用量0.3～0.5克；蕾期棉株6～8叶期，一般每667平方米用量1.5～2.0克，对生长偏旺棉田，用量可增至3.0～4.0克；花铃期棉株10～12叶时，用量3.0～5.0克；打顶前后，一般加大用量至5.0～8.0克。打顶应在7月15～20日完成，株高控制在75厘米左右。

十一、新海23号

新疆生产建设兵团农一师农业科学研究所于1986年以785-3为母本、G75为父本，经杂交南繁北育而成。2000～2001年参加新疆第八轮长绒棉品种区域试验，2002～2003年参加新疆生产试验。2004年经新疆维吾尔自治区农作物品种审定委员会审定并命名。

(一)特征特性

生育期139天。植株呈筒型，长势较强，株高1.0～1.1米；茎秆较粗，茎秆、叶背茸毛较少。花冠扇形，黄色，花瓣基部有红心，苞叶心形，12～14齿；花药金黄色，柱头较长，呈乳黄色。零式果枝，下部铃柄较长，第一果枝着生节位在3～5节，果枝14～15台，主茎节间较长。子叶肾形，叶片较大，叶裂较深，叶色深绿。铃长卵圆形，铃嘴较尖，铃面深绿色，油点显著，铃壳厚度中等，多为三室铃，铃重2.9克，衣分32.2%，衣指5.6克，子指11.9克，不孕子9.2%，霜前花率90%左右。吐絮畅，较集中，絮色白，易拾花。种子黑褐色，顶端披绿色短绒，光子。生长势强，不早衰，较耐旱，耐肥水。

（二）纤维品质

两年新疆长绒棉品种区域试验多点品质测试结果两年平均（HVICC标准）：2.5%跨长36.5毫米，比强度35.3厘牛顿/特克斯，马克隆3.9，整齐度49.1%，伸长率6.5%，反射率75.8%，黄度7.7，纺纱均匀度指标212.0。

（三）产量表现

新疆长绒棉品种区域试验产量结果，每667平方米霜前籽棉产量286.0千克，较对照新海14号增产24.3%，每667平方米霜前皮棉产量为91.6千克，较对照增产25.7%；霜前花率90.5%。生产试验4点汇总结果：该品系表现铃大，结铃性强，每667平方米籽棉产量为269.9千克，比对照新海15号增产0.9%；每667平方米皮棉产量为88.2千克，为对照的93.9%；每667平方米霜前皮棉产量为62.9千克，增产4.5%。抗病性强，耐肥水、结铃性强，丰产性好，该品系的各项抗病性指标均优于新疆目前审定的长绒棉品种。

（四）抗病性

经新疆植物保护站抗病鉴定试验：感枯萎病，病情指数为35.48。2001年黄萎病病情指数为17.2，抗黄萎病。2002年抗病鉴定为耐黄萎病，病情指数为35.9，抗叶病。

（五）适宜范围及栽培技术要点

1. 适宜地区　适于南疆长绒棉产区种植。

2. 栽培技术要点　南疆棉区4月上中旬播种，播种密度1.2万株/667平方米，收获密度1.0万～1.1万株/667平方米。浇头水前追施氮肥总施量的20%～30%,其余肥料在犁地时一次性施入。生育期灌水3～4次,8月20日左右停水,注意水量不宜大,以免蕾期旺长。7月15日左右打顶,该品系可根据长势进行1～2次化学调控,分别于蕾期、花期每667平方米用缩节胺1.0～1.2克微量调控,对水30升。

十二、新海24号

新疆农业科学院经济作物研究所以纤维品质特优的85-75品系作为母本、丰产性强的新海10号和新海8号品种作为多父本,于1994年配制杂交组合,通过南繁北育,选育而成。2002～2003年参加新疆长绒棉区域试验,2004年参加新疆长绒棉生产试验。2005年通过新疆维吾尔自治区农作物品种审定委员会审定并命名。

(一)特征特性

属早熟零式分枝类型,生育期为132～136天。植株呈筒型,株型较紧凑,生长势强而稳健,株高82.3～94.8厘米。果枝节间4.2～4.8厘米,第一果枝着生平均在3.2节,果枝13.5～14.8台。叶片中等大小,叶色深绿色,叶形呈掌状,4～5裂叶,叶裂较深,叶面略突,茸毛较多。铃为长卵圆形,铃较大,绿色,铃面较粗糙并有明显的凹点及油腺,3～4室,铃重3.0～3.5克,铃柄略短。棉子近圆锥形,披浅绿色短绒,少毛子。子指11.0～12.6克,衣指5.5～6.3克,平均单株成铃13.5～14.8个。衣分30.1%～32.0%。早熟,吐絮较集中,僵瓣和僵尖极少。

(二)纤维品质

2002～2003年区域试验棉样经农业部棉花纤维品质监督检测测试中心测试结果(HVICC标准):2.5%跨长36.2毫

米，比强度 43.0 厘牛顿/特克斯，马克隆值 3.8，整齐度 85.8%，纺纱均匀性指数 201，纤维色泽洁白。

（三）产量表现

2000～2001 年的品系比较试验结果，每 667 平方米霜前籽棉、霜前皮棉产量分别为 277.2 千克和 83.2 千克，分别比对照新海 14 号增产 16.9%和 15.5%；2002～2003 年在新疆长绒棉区域试验中，每 667 平方米籽棉产量和霜前皮棉产量分别为 280.4 千克和 80.4 千克，分别较对照品种新海 15 号增产 6.5%和 7.4%，均居第一位。2004 年在新疆长绒棉生产试验中，每 667 平方米平均籽棉、皮棉和霜前皮棉的产量分别为 281.4 千克、91.8 千克、89.8 千克，霜前皮棉产量与对照品种持平。生产试验 5 个点中有 4 个点比对照品种新海 21 号增产，其中 3 个点位居第一位，霜前皮棉产量比对照增产 2.1%～31.2%，表现出良好的适应性和丰产性。

（四）抗病性鉴定

2004 年经新疆植物保护站抗病鉴定结果，发病高峰期属抗枯萎病型，病情指数为 4.7，同时高抗黄萎病，病情指数为 6.8。

（五）适宜范围及栽培技术要点

1. 适宜地区 适于库尔勒、阿克苏、喀什等南疆长绒棉早熟区种植。

2. 栽培技术要点 播期在 4 月上中旬为宜，每 667 平方米保苗 1.0 万～1.5 万株。播后即进行中耕，早定苗，早追肥，促壮苗，促早发。施足基肥，重（zhòng）施花铃肥，增施铃肥，每 667 平方米基施磷酸二铵 20 千克、尿素 28 千克、钾肥 5～8 千克。追肥以氮肥为主，叶面喷施微肥为辅。生育期坚持深沟浅水，促控结合的原则，以水控为主，避免大水大肥。停水时间不易过早，一般在 8 月 20～25 日。生长稳健的棉田一般不进行化学调控，对长势较旺的棉田，生育期需进行2～3次调控，对苗期生长偏旺的棉田在浇水前适量喷施缩节胺进行调控，打顶前看长势进行第二次化学调控。打顶期在7月18～22日。

十三、新海25号

新疆生产建设兵团农一师农业科学研究所于1995年以3287为母本、90-242为父本杂交，经连续多年选育，于2002年选出代号为240的品系。2002年参加评比试验，2003～2004年参加自治区第七轮长绒棉区域试验和抗性鉴定试验。2005年通过新疆维吾尔自治区农作物品种审定委员会审定并命名。

（一）特征特性

生育期142天。植株呈筒型，茎秆、叶背茸毛较少。零式果枝，铃柄较短，叶片较小。铃大，铃长卵圆形，铃嘴较尖，铃壳较薄，早熟性突出。吐絮畅，较集中，絮色白，易拾花。生长势稳，不早衰，较耐旱。细度适中，色泽好。单铃重3.4克，衣分33.5%，子指12.3克；品质优异，产量稳定。

（二）纤维品质

HVICC标准：长度37.8毫米，整齐度85.9%，比强度41.6厘牛顿/特克斯，伸长率6.9%，马克隆值3.7，反射率78.3%，黄度7.5，纺纱均匀度指标207.8。

（三）产量表现

2003～2004年新疆长绒棉品种区域试验结果，每667平方米皮棉产量为98.3千克，较对照新海21号增产0.2%；每667平方米霜前皮棉产量86.1千克，较对照增产6.9%；霜前花率90.8%。2004年新疆长绒棉品种生产试验，每667平方米籽棉、皮棉和霜前皮棉的产量分别为308.7千克、102.8千克、95.5千克，分别为对照品种新海21号的100.1%、101.2%和106.3%。

(四)抗 病 性

2004年经新疆植物保护站统一进行抗病鉴定试验：生育期(发病高峰期)为高抗枯萎病，剖秆鉴定为抗枯萎病，病情指数为5.3；生育期(发病高峰期)为高抗黄萎病，病情指数6.6；剖秆鉴定为感黄萎病，病情指数为52.1。

(五)适宜范围及栽培技术要点

1. 适宜地区 适合在南疆长绒棉区种植。

2. 栽培技术要点 适期早播，在南疆长绒棉适宜种植地区4月上中旬播种，收获株数1.2万～1.67万株/667平方米；一般每667平方米基施油渣100千克或棉花专用肥50千克；浇头水前追施生育期总氮肥量的20%～30%，其余肥料一次性随犁地做基肥，滴灌棉田可随水滴施1～2次尿素，每次每667平方米用尿素5千克；生育期灌水3～4次(滴灌棉田8～10次)，灌水时注意水量不宜大，少量多次，以免使蕾期旺长，造成蕾铃脱落。该品种现蕾早，应注意棉铃虫的防治；同时长势较稳，可进行化学调控时用药剂量要减小，对旺长棉田可于蕾期、花期每667平方米用缩节胺1.0～3.0克小幅调控。

第六节 长绒棉栽培技术

一、南疆棉区长绒棉栽培技术

南疆棉区春季气温低、回升慢，并常出现“倒春寒”，而9

月中旬以后气温下降过快，霜期来得也早，因此，大部分地区存在无霜期短、积温相对不足等不利因素，使得长绒棉的有效开花结铃期较短，南疆棉区仅为35～45天。南疆长绒棉生产应以促早栽培为中心，在地膜覆盖的基础上，采用密植和水、肥、缩节胺等综合调控措施，即“矮、密、早”高产优质栽培技术体系。主要依靠群体优势增加棉株中下部铃数和内部铃数，棉花产量结构以伏前桃和伏桃为主，尽可能减少秋桃的比例。由于不同地区的气候条件差异较大，其相应的栽培技术也有差异。

（一）目标产量、产量结构和生育进程

南疆棉区长绒棉每667平方米产皮棉125千克，其产量结构和生育进程见表1-6。

表1-6　南疆棉区长绒棉667平方米产皮棉125千克产量结构及生育进程

产量结构	收获株数（万株/667平方米）	1.4～1.6
	单株铃数（个/株）	9.0～10.3
	总铃数（万个/667平方米）	14.4
	单铃重（克）	2.8
	衣分率（%）	31
	霜前花率（%）	90～95
生育进程	播种期（月/日）	4/1～4/15
	出苗期	4/13～4/25
	现蕾期	5/15～5/25
	开花期	6/15～6/25
	吐絮期	8/20～8/25

(二)配套栽培技术

1. 播前准备

(1)土地选择　选择土层深厚,地势平坦,肥力中等以上,盐碱含量较低,土壤质地为壤土和轻壤土,无枯萎病和黄萎病或枯萎病和黄萎病较轻的地块。要求有机质含量在 10 克/千克以上,耕层含盐量不超过 3 克/千克。长绒棉出苗快,苗期与陆地棉相比具有较强的耐盐碱性,因此,只要保苗措施得当,耕层含盐量在 4 克/千克以下时,棉株也能正常生长。

(2)秋季深翻和冬灌　秋季深翻和冬灌,可起到降低害虫越冬基数和压碱蓄墒的作用。秋耕深度应达到 22 厘米以上,耕后应及时灌水。来不及秋翻的地块,可带茬灌水蓄墒。冬灌应在土壤封冻前结束,每 667 平方米灌水量 150 立方米左右。

(3)春灌　已冬灌地块,如墒情较好,不需再春灌;跑墒严重,墒情较差的仍需春灌,每 667 平方米灌水量 100 立方米左右。未进行冬灌的地块播前应进行春灌,每 667 平方米灌水量为 150 立方米左右。春灌应在 3 月 25 日左右结束。

(4)种子准备　一定要注意品种的区域适应性,选择适宜当地的长绒棉品种。在南疆早熟长绒棉区可根据当地的具体情况选用新海 14、18、21、23、24、25 号等早熟丰产品种。确保种子质量,选用纯度 98%以上、净度 95%以上、发芽率 85%以上、健子率 80%以上的种子。种子经硫酸脱绒、机械精选,并采用包衣或杀菌剂拌种。用敌克松或多菌灵拌种,应堆闷 12 小时后,摊开晾干(晒种 3～4 天)后即可播种。

(5)施足基肥　每 667 平方米基施厩肥 2 吨或油渣 100 千克,重过磷酸钙或磷酸二铵 20～25 千克,尿素 20～25 千克;或在每 667 平方米基施厩肥 2 吨或油渣 100 千克基础上,每667平方米施用50～60千克棉花专用肥。基肥可于冬翻或春翻前均匀撒施或在犁地的同时用施肥机施用，机械深翻入土。

(6)播前整地　播前整地以“墒”字为中心。秋翻、冬灌地应在早春及时耙耱保墒；下潮地或春季缺水无法春灌的地块也应在早春及时耙耱保墒，并采用先铺膜后播种的方式以防止土壤失墒。春灌地块应根据灌水时间和土壤质地，当地表点片发白时，适墒耕翻、耙耱；春灌较晚或地下水位高的地块可适当晾墒。一般应在3月下旬至4月上旬适时对播种棉田进行翻耕和整地。整地前后要清拾地表残膜、残茬、草根和杂物工作。整地质量按“墒、平、松、碎、净、齐”六字标准要求，“墒”即土壤含水量适宜，土壤含水量要求达到14%～18%，地表干土层不超过2厘米；“平”即地平，无高包或洼坑，能达到覆膜和灌水均匀；“松”即土壤表层疏松，上虚下实；“碎”即土壤细碎，无土块；“净”即无草根、无残茬、无废膜、无杂物等，不损伤地膜；“齐”即作业到地边、地头。

(7)化学除草　对一年生禾本科和藜科杂草较多的棉田，播前翻耕后结合耙地，每667平方米使用除草剂48%氟乐灵100～150毫升或90%禾耐斯50～80毫升加水50升，均匀喷雾，要求边喷边耙耱，耙深5～8厘米，使除草剂药液与表土充分混合，以提高除草效果，并防止出现药害。

2. 播　种

(1)适期早播　长绒棉铃期比陆地棉长，只有壮苗早发，才能延长有效开花结铃期，使其早开花、多结铃，获得高产。当膜下5厘米地温稳定在12℃～14℃时即可开始播种，膜下5厘米地温稳定通过14℃时为最佳播期，应根据这一要求适时早播。南疆长绒棉产区多数县(团场)一般年份适宜播种期为4月1～20日，最佳播期为4月5～15日，一般不宜超过4月20日，基本是终霜前播种，终霜后出苗。

(2)行株距及播种密度　目前新疆多采用两种幅宽，厚度0.008毫米的聚乙烯地膜。幅宽140～145厘米地膜，一膜四行，行、株距配置方式主要有(60厘米＋32厘米)×9.5厘米和(55厘米＋30厘米)×9.5厘米，播种密度1.53万～1.65万株/667平方米；幅宽200厘米地膜，一膜6行，行、株距配置方式主要有(60厘米＋10厘米)×10.5厘米和(66厘米＋10厘米)×9.5厘米，播种密度为1.81万～1.85万株/667平方米。

(3)铺膜和播种质量　播种时应深浅一致，播种深度一般以3厘米为宜，沙土地略深一些，可到3.0厘米，黏土地略浅一些，2.5厘米即可。点播每穴2～3粒，每667平方米种子用量4～5千克；精量播种每穴1粒，每667平方米用种量1.5～2.0千克。要求播行端直，行距准确，下种均匀，种穴不错位，无漏行漏穴现象，空穴率低于3%；铺膜平展、紧贴地面，松紧适中，压实膜边，膜边入土5～8厘米；播种行覆土均匀、严实，厚度0.5～1.0厘米；膜面干净，透光面不少于70%。

播种后注意护膜防风，应及时查膜，用细土将播种机漏盖的穴孔封严，每隔10米用土压一条护膜带，防止大风将地膜掀起。如遇大风，要及时做查膜、压土、封孔工作。

3. 苗期、蕾期管理

南疆春季气温不稳定，苗期常有低温、降雨等天气，应及时放苗、补种和定苗，并进行中耕松土，提高地温、破除板结，以实现全苗和壮苗早发。

(1)及时放苗、补种　长绒棉一般在播种后8～12天即可破土出苗，此时应做好查苗、放苗和补种工作。对于错位的孔穴，要及时破膜放苗，放苗时应注意将棉苗基部孔穴用土封严，同时要保持膜面干净，以免减少地膜采光面；放苗应避开中午过强阳光时段和大风天气。出苗期间，如遇下雨，雨后应及时破除播种行上的土壤硬壳，助苗出土。

每667平方米播种1.5万株左右、缺苗不超过15%的棉田，如无明显断垄，不需补种；对于缺苗面积较大，断垄较多的棉田，应在放苗的同时或放苗之后催芽补种。

(2)早定苗　由于地膜覆盖具有显著的增温效应，棉子发芽出苗快，出苗后棉苗生长也快，常造成棉苗相互拥挤，易形成高脚苗，因此，应在棉花出苗后及早定苗。定苗可从子叶展平后开始，一叶一心时结束。定苗应坚持一穴一苗，切忌留双株，并注意去弱苗、病苗，留壮苗、健苗，同时要培好"护脖土"。

(3)中耕除草　棉花生育前期中耕，有利于破除土壤板结、增强土壤通透性，提高地温，促进棉苗根系发育和地上部生长，同时也可灭除田间杂草。一般在播后或棉田显行时进行第一次中耕，以后如遇降雨，土壤出现板结，应及时中耕，现蕾前一般中耕两次。机械中耕深度不少于15厘米，距苗行10厘米左右，要求做到表土松碎平整，不压苗、不埋苗、不铲苗，不损坏地膜，到头到边。机械中耕不到的地方可采用人工除草。

(4)叶面施肥　棉株在苗期需要的养分量虽较少，但由于此时气温偏低，棉株根系对养分的吸收能力也较低，为促进壮苗早发，早现蕾和多现蕾，可在定苗后每667平方米用磷酸二氢钾100～120克和尿素100克，对水30升进行叶面喷施，每次间隔7～10天，连喷2～3次。

4. 花铃期管理

(1)揭膜　地面灌溉的棉田，根据棉田土壤墒情和棉花长势适时揭膜。旺长棉田 6 月 10 日前要揭膜，一般棉田可拖后些，于 6 月中下旬头水前 3～5 天揭膜，要保证揭膜后及时灌水，避免发生旱情。膜下滴灌棉田可在棉花收获完毕或第二年春季犁地前揭膜。

(2)重施花铃肥　长绒棉进入花铃期以后，对养分的吸收达到一生中的高峰，必须保证花铃期养分的充足供应。花铃期追肥以氮肥为主。

地面灌溉的棉田，6 月中下旬头水前进行第一次追肥，结合开沟每 667 平方米追施尿素 10～15 千克，施肥应距苗行 10～12 厘米，深 10～15 厘米；第二水时视棉田的长势，每 667 平方米人工撒施尿素 5～8 千克，防止棉田脱肥早衰。

膜下滴灌的棉田，棉花头水时开始滴肥，前三次滴施的肥料以尿素为主，头水每 667 平方米随水滴尿素 2 千克，第二水、第三水时每 667 平方米滴尿素 2～3 千克，另加磷酸二氢钾 1 千克。7 月 5～10 日棉花进入盛花期，此时棉花也已进入需肥高峰期，也是第一个蕾铃脱落的高峰期，需加大肥料的投入，每次每 667 平方米需分别滴施棉花滴灌专用肥和少量尿素 5～6 千克；或每 667 平方米滴施尿素 4～5 千克，加磷酸二氢钾 1 千克。长绒棉蕾铃第一次脱落高峰后 20～25 天出现第二个脱落高峰，时间在 8 月 1～5 日，为防止脱落、保铃增铃、提高铃重，进行最后 1 次滴肥，每 667 平方米随水滴施尿素 2 千克、磷酸二氢钾 1 千克。

(3)化学调控　棉花使用缩节胺等植物生长调节剂，可以控制旺长，使棉株生长整齐健壮，塑造理想的株型，促进根系发育，减少蕾铃脱落，提高产量。但是，棉田使用缩节胺的时间、数量和次数，应根据棉花的长势而定。南疆长绒棉品种为零式果枝型，主要靠主茎结铃，必须让主茎保持一定的生长势，一般前期不需要化学调控，对于壮而不旺棉田，可在盛蕾开花期适量喷一次缩节胺，每667平方米用量2～3克，对水40升。对于旺长棉田，一般须喷两次，第一次在盛蕾开花期前即6月上中旬，每667平方米用缩节胺2～3克；第二次在开花期即6月下旬，每667平方米用缩节胺3～4克，对水40升。化学调控可与根外施肥相结合。喷缩节胺时须注意喷旺苗不喷弱苗，喷高不喷低，使全田棉株整齐健壮。

(4)叶面施肥　为补充根系对养分的吸收，防止棉株早衰，减少蕾铃脱落，增加铃重，一般棉田从盛花期(7月10日前后)起，每667平方米用100～150克磷酸二氢钾+150～200克尿素，对水30～40升叶面喷施，7～10天一次，连喷2～3次。旺长棉田后期应减少或不喷施尿素；缺氮有早衰迹象的棉田，可适当增加尿素用量。

(5)棉田灌溉　地面灌溉棉田，坚持“头水晚、二水赶，三水足，看苗看长势浇水”的原则，全生育期灌水3～5次。头水灌溉时间一般在6月15～20日前后，浇水顺序应以棉花长势和墒情而定，一般弱苗和沙土地先浇，旺苗和黏土地后浇，要求小水畦灌或细流沟灌，严格控制水量，每667平方米一般浇水量为40～50立方米，做到不串浇、不漫垄、均匀浇透；二水应紧跟头水后10～12天，浇水量根据棉花长势控制在60～70立方米。二水以后，每隔15～18天浇三水、四水，浇水量以70立方米左右为宜。最后一水的灌溉时间不宜过早，也不宜过晚，南疆棉区长绒棉适宜停水时期一般在8月25日左右，对于沙性土壤棉田可适当增加浇水次数，在8月30日至9月初停止浇水。要重视最后一次的浇水量，必须保证9月上中旬田间地表湿润。

膜下滴灌和高密度棉田，需水时间比常规沟灌有所提前。

一般6月10日左右开始滴头水，对于僵苗、弱苗、晚发苗棉田头水灌溉时间可早些；对于长势较好的棉田，可推迟到6月下旬棉田见花时灌水。6月份滴水周期7～8天，每667平方米水量控制在10～15立方米，以浸润边行为宜，尽可能缩小膜上边行与中行棉苗差距；从7月初开始，加大滴水量，每次每667平方米滴水20～25立方米，滴水周期为5～7天；从8月中旬可适当减少滴水次数和滴水量，每次每667平方米滴水15～20立方米，滴水周期为10天左右。一般8月25日至9月5日停止滴水，在最后一次滴水时根据棉田情况可适当增加滴水量，以保证9月上中旬田间地表湿润。一般气候年份，全生育期滴水12～14次，每667平方米滴水总量为250立方米左右。

(6)适时打顶　南疆早熟长绒棉种植的品种以零式分枝品种为主，因此只需打顶，不需打边心、去赘芽等作业。长绒棉中期发育快，且铃期一般比陆地棉长10天，打顶时应严格遵循"时到不等枝，枝到不等时"的原则。打顶过早，棉株生长高度和果枝数不够，不利于提高单株结铃数；而打顶过迟，由于顶部生长及无效花蕾消耗养分，导致中部蕾铃脱落较重，造成棉株中空。在棉株果枝数达到15～16台，时间在7月15日即可开始打顶，7月20日结束，个别棉田可延长到7月20～25日完成。对于高密度(1.5万株/667平方米以上)棉田，可在7月5日开始打顶，7月15日结束。打顶时摘除一叶一心，不能大把揪，不论高矮、旺苗、弱苗一次过。

5. 病虫害防治

南疆棉区危害棉花的病害主要有枯萎病和黄萎病，主要害虫有地老虎、棉蓟马、棉蚜、棉铃虫和棉叶螨等。

(1)病害防治　首先要加强保护无病区和轻病区，规范引种，种子调运要严格检疫，不使用发病棉田生产的种子和油渣，以控制枯萎病和黄萎病的扩散和蔓延；使用包衣和杀菌剂处理的种子；对于长期种植棉花的地块采用轮作倒茬，尤其是与水稻轮作，可降低枯萎病、黄萎病病菌数量；重病田选用抗病性强的品种。

（2）地老虎和棉蓟马防治　地老虎和棉蓟马是棉花苗期的主要害虫。防治的关键是种子包衣或药剂拌种，未包衣、拌种且地老虎或棉蓟马发生严重的地块，可在齐苗后喷施2.5％敌杀死乳油1 000～1 500倍液或50％辛硫磷乳油1 000倍液或50％久效磷乳油1 000～1 500倍液；也可用油渣拌敌百虫诱杀地老虎。

（3）棉蚜防治　当棉田蚜虫点片发生时，应坚持隐蔽用药，可选用久效磷或氧化乐果加水稀释5倍涂茎，也可每667平方米沟施呋喃丹2.5千克或铁灭克350～400克，切勿大面积喷药；棉田大面积发生棉蚜时也应谨慎用药，可采用保护带喷药形式灭蚜。

（4）棉铃虫防治　棉花进入蕾铃期后应着手棉铃虫的防治，其措施为：种植玉米诱集带，棉花播种时在棉田四周种植玉米诱集带诱集棉铃虫产卵，在玉米上集中消灭棉铃虫虫卵或人工捕捉幼虫。杨树枝把诱捕，利用棉铃虫对杨树枝把的趋向性，在棉铃虫羽化期开展杨树枝把诱蛾。灯光诱杀，利用棉铃虫成虫对黑光灯和高压汞灯的趋光性，进行诱杀。化学防治，6月下旬应严密关注棉铃虫发生动态，对达到棉铃虫防治指标的棉田用赛丹进行第一次防治；间隔10天，对仍然达到防治指标的棉田，使用赛丹第二次化学防治。7月中旬，对棉田第二代棉铃虫可采用人工捕捉，减少用药，以保护天敌。

（5）棉叶螨防治　重在早期发现，查找中心源，及时用克螨特防治，控制其蔓延，结合灌溉减轻危害。棉花生育盛期，如果虫害发生程度超过防治指标时，可用久效磷 1 000 倍液与敌敌畏 800 倍液混合，或用 1 000 倍液氧化乐果防治；棉叶螨发生严重时，也可用 20% 三氯杀螨醇或 73%克螨特乳油 1 000倍液喷雾防治。

7 月下旬至 8 月部分棉田发生棉叶螨，选用对天敌安全的杀螨剂为好，如喷施 73%克螨特乳油 1 000～1 500 倍液，或 5%尼索朗 1 000 倍液，或 20%三氯杀螨醇 1 500～2 000 倍液喷雾，或涂茎，涂茎方法同棉蚜涂茎。

6. 吐絮期、收获期管理

(1)清除杂草　吐絮前应进行 1 次彻底的杂草清除工作，这样做即能保证拾花质量，又能减轻下茬作物的草害。一般在 8 月上旬进行。

(2)打老叶促早熟　对于旺长、田间郁闭的棉田，可在 8 月底至 9 月上旬打掉部分老叶，以利棉田通风透光，减少烂铃，促进早熟。对于晚熟、青铃较多棉田，可在 9 月中下旬第一次收花后每 667 平方米用乙烯利 150～250 克对水 40 升左右进行均匀喷施。吐絮良好，预期霜前花率达 90%以上的棉田，用量可减少，反之用量宜加大。

(3)及时采摘　零式果枝型长绒棉棉铃直接着生在主茎上，含絮不如陆地棉强，易落絮，应及时分次采收。对于僵瓣棉、虫噬棉要单独采摘，同时严格区分霜前花和霜后花。对于采摘后的棉花应进行分晒、分存，以提高棉花的质量与等级。在采摘和装运过程中，要防止人和畜禽毛发、异性纤维混入棉花。

(4)清除残膜　头水前未揭膜的地块，收获后要拾净棉田残膜。

二、东疆棉区长绒棉栽培技术

(一)目标产量、产量结构和生育进程

东疆棉区目标产量为每667平方米产皮棉100千克，产量结构及生育进程见表1-7。

表1-7　东疆棉区长绒棉每667平方米产皮棉100千克产量结构及生育进程

项　　目		火焰山南	火焰山北
产量结构	收获株数(万株/667平方米)	0.6～0.7	0.75～0.90
	单株成铃(个/株)	16.0～18.7	12.5～15.0
	总铃数(万个/667平方米)	11.2	11.2
	单铃重(克)	2.8	2.8
	衣分率(%)	32	32
	霜前花率(%)	95	93
生育进程	播种期(月/日)	3/25～4/10	4/1～4/15
	出苗期	4/6～4/20	4/12～4/25
	现蕾期	5/12～5/23	5/21～6/2
	开花期	6/10～6/20	6/20～6/30
	吐絮期	8/10～8/20	8/15～8/25

(二)配套栽培技术

1. 播前准备

(1)土地选择　耕层深厚，质地为壤土和轻黏土，有机质含量10克/千克以上，耕层含盐量低于3.5克/千克，无枯萎病、黄萎病或枯萎病、黄萎病较轻。

(2)秋耕冬灌　秋季深耕后进行冬灌，可以改善土壤结构，压碱蓄墒，消灭土壤中的越冬害虫。来不及秋耕的棉田也

可带茬冬灌。冬灌的时间一般在“昼消夜冻”时进行，11 月上旬至 12 月初结束，每 667 平方米灌水量为 120 立方米。冬灌过早，土壤水分蒸发损失过多，则土壤水分少；冬灌过晚，因土壤结冻影响水分渗透，还会造成早春地温上升缓慢，导致播期推迟。

(3)春灌　春灌的时间应根据播期确定，一般于 3 月中旬开始，结束时间火焰山以南地区在 3 月底前，火焰山以北地区在 4 月上旬。春季灌水量每 667 平方米不低于 120 立方米。已冬灌的地块，如墒情较好，不需再春灌；跑墒严重、墒情较差的仍需春灌，灌水量应适当减少，一般每 667 平方米灌水 100 立方米左右。

(4)施足基肥　每 667 平方米基施农家肥 2 吨或油渣 80～100 千克、尿素 15 千克、磷酸二铵或重过磷酸钙 20～25 千克、钾肥 5～10 千克，也可用同等有效含量的长绒棉专用肥代替上述化学肥料。基肥可在前年秋耕或当年春耕前均匀撒施或在耕地时用施肥机施用，深翻入土。

(5)播前犁地、整地并及时耙耱保墒　秋耕冬灌地块应在早春化冻后耙耱，3 月 15 日前灌春水地块如未到播种适期地表已发白也应先耙耱，以利保墒。黏土地应先耱后耙，避免形成 3～5 厘米的土块，造成播种层墒情变差，影响全苗。

上年秋季或当年春灌前未进行深耕的地块应根据土壤墒情和播种日期适时深耕，深度要求达到 25 厘米；上年秋季或春灌前已进行深耕的地块，应在播前再进行浅耕，以疏松播种土层，深度 10～12 厘米。犁地后要及时耙耱，以破碎土块，进一步平整地表，减少土壤水分蒸发。同时犁地后要及时做清除田间残膜、残茬、草根和杂物的工作。

犁地和整地质量要达到“墒、平、松、碎、净、齐”等六字标准，保证一播全苗。六字标准具体要求见南疆棉区长绒棉栽培技术内容。

(6)品种选择及种子准备　根据吐鲁番盆地的生态自然条件，火焰山以南地区，包括托克逊、吐鲁番南部、鄯善县南部等地区，长绒棉主栽新海5号；火焰山以北地区，包括吐鲁番北部和鄯善县北部等地区，长绒棉主栽新海9号，示范推广新海19号。选用原种一代或二代种子。确保种子质量，选用纯度98%以上、净度95%以上、发芽率85%以上、健子率80%以上的种子。种子经硫酸脱绒、机械精选，并采用包衣或杀菌剂拌种。用敌克松或多菌灵拌种，应堆闷12小时，摊开晾干(晒种3～4天)后即可播种。

(7)化学除草　对一年生禾本科和藜科杂草较多的棉田，播前翻耕后结合耙地，每667平方米使用除草剂48%氟乐灵100～150毫升或90%禾耐斯50～80毫升加水30升，均匀喷雾，要求边喷边耙耱，耙深5～8厘米，使除草剂药液与表土充分混合，以提高除草效果，并防止出现药害。

2. 播　种

(1)适时早播　当膜下5厘米地温稳定通过14℃即可开始播种。火焰山以南地区适宜播期为3月25日至4月10日，火焰山以北地区适宜播期为4月1～15日播种。

(2)铺膜、播种及质量要求　地膜采用幅宽154厘米，厚度0.008毫米透明薄膜，每667平方米用膜量为3.7千克；铺膜、打孔、播种和覆土作业一次完成。质量要求，播种深度3厘米左右，沙土地稍深些，黏土地稍浅些。每穴播种3～4粒，每667平方米播种量为4～4.5千克。播种深度要求一致，行直，行距准确，下籽均匀，覆土深浅一致。地膜拉紧并紧贴地面，压实膜边。机播空穴率不超过1%。播后在膜上每5米压一土带，以防大风揭膜。

(3)行株距配置和密度　火焰山以南地区，棉花行距(60+35)厘米，株距17.5～20.0厘米，每667平方米播种7 000～8 000株，保苗6 000～7 000株；火焰山以北地区，棉花行距(60+35)厘米，株距14.0～16.5厘米，播种8 500～10 000株，保苗7 500～9 000株。在上述密度范围内，肥地宜稀，瘦地宜密。

3. 苗期管理

(1)护膜防风　吐鲁番盆地大风灾害频繁，4～5月年均大于8级的大风近10次。播种后要及时查膜，人工覆土压实膜边，防止大风掀膜；并用细土将漏盖的穴孔封实，以防进风揭膜。

(2)及时放苗、补种　一般在播种后8～12天棉籽即可破土出苗，在棉花显行后应及时查苗、放苗和补种。对于错位的穴孔，要及时破膜放苗，放苗时应注意将棉苗基部穴孔用土封严，同时要保持膜面干净，以免减少地膜采光面；放苗应避开中午过强阳光时段和大风天气。播种后如遇下雨，应及时破除播种行上的土壤硬壳，助苗出土。对于缺苗较多的棉田，在齐苗后催芽补种，确保全苗。

(3)中耕松土　苗期中耕，有利于破除土壤板结，提高土壤透气性和地温，促进棉苗健壮发育，同时也可灭除田间杂草。土壤湿度较小时，可在定苗后中耕；土壤湿度大时，在棉花现行时中耕。每次雨后，如土壤出现板结，应及时中耕。苗期一般中耕2次，要求中耕深度10～12厘米，距苗行10厘米左右，做到表土松碎平整，不压苗、不埋苗、不铲苗，不损坏地膜，到头到边。机械中耕不到的地方可采用人工除草。

(4)早定苗　地膜覆盖，地温高，棉花出苗快，出苗后棉苗生长也快，同一穴孔的棉苗相互拥挤，易形成高脚苗。当10%～20%棉苗出现真叶或齐苗后即可定苗，于第二片真叶展平后结束定苗。定苗应注意留壮苗，去病苗、弱苗，每穴1株、不留双株，并培好“护脖土”。

(5)叶面施肥　苗期气温低，棉株根系对养分的吸收能力也较低，为促进壮苗早发，早现蕾和多现蕾，可在定苗后每667平方米用磷酸二氢钾100～120克和尿素100克，对水30升进行叶面喷施，每次间隔7～10天，连喷2～3次。

4. 蕾期管理

(1)中耕除草　蕾期要求中耕1～2次，深度15厘米，以疏松土壤，消灭杂草和促使棉株根系下扎。

(2)化学调控　对土壤肥力高、棉株生长偏旺的棉田，蕾期宜进行两次化学调控。第一次在现蕾期，每667平方米用缩节胺0.5～1.0克，对水20～30升；第二次在盛蕾期，每667平方米用缩节胺2～3克，对水30～40升。要避免在烈日高温下喷施，喷施后4小时内遇雨应重新喷1次。

5. 花铃期管理

(1)揭膜　根据棉田墒情和棉花长势，于6月上中旬浇头水前揭膜，以防止地膜污染土壤。揭膜最好在傍晚进行，揭膜后要及时浇水，以免棉花受旱影响生长。

(2)追肥　花铃期以追施氮肥为主。第一次在初花期头水前结合开沟条施，每667平方米施尿素10千克左右；第二次于6月底7月初第二水前施入，每667平方米施尿素15千克左右，施肥深度10～15厘米。

(3)叶面施肥　为防止棉株早衰，减少蕾铃脱落，增加铃重，7月下旬至8月中旬，每667平方米用100～150克磷酸二氢钾＋150～200克尿素，对水30～40升叶面喷施，7～10

天1次，连喷2～3次。旺长棉田后期应减少或不喷施尿素；缺氮有早衰迹象的棉田，可适当增加尿素用量。

(4)灌水　吐鲁番地区长绒棉生育期较长，耗水较多，吐鲁番地区火焰山以南灌水5～6次，山北4～5次；全生育期灌溉定额，火焰山南每667平方米灌水量为600～650立方米，火焰山北每667平方米灌水量为500立方米左右。头水是否适时适量对棉花的生长发育影响较大，应根据土壤墒情和棉株长势长相来确定灌头水的时间，吐鲁番地区火焰山以南头水一般在6月上中旬，不要晚于6月15日；火焰山北在6月中下旬，不要晚于6月25日。底墒水不足和沙性较大的棉田，头水可适当提早，有旺长趋势的棉田可适当推迟灌头水时间。头水的灌水量不宜过大，每667平方米一般为70～80立方米。灌头水后间隔时间10～15天，要紧跟灌第二水，以后每隔15～20天灌1次水，每次每667平方米灌水量为90～100立方米。

生育后期，棉株生育机能减退，再加上气温降低，需水量减少，但棉田仍需保持一定的墒情，维持根系活力，保持棉铃继续发育，因此，应适时停止灌水。吐鲁番地区山南在9月15日前后停止灌水，火焰山北在8月底停止灌水。

(5)化学调控　在蕾期化学调控的基础上，于初花期每667平方米使用缩节胺3～4克，盛花期4～5克，分别对水40～50升喷施。

(6)适时打顶和整枝　火焰山南8月10～15日打顶，山北7月20～25日打顶。肥力低、密度大的棉田可适当早打顶；肥力高，密度小的棉田，可适当晚打顶。打顶时摘除1叶1心，不能大把揪，不论高矮、旺苗、弱苗1次打完。

去叶枝、抹赘芽和摘除无效花蕾。为了减少棉株无效养分消耗，促进有效花蕾的发育，增强田间通风透光，8 月初摘除无效枝条，8 月 25 日前后摘除无效蕾。

6. 病虫害防治

东疆棉区危害棉花的病害主要有枯萎病和黄萎病，主要害虫有地老虎、棉蓟马、棉蚜、棉铃虫和棉叶螨等。

(1)病害防治　首先要保护无病区和轻病区，规范引种，种子调运要严格检疫，不使用发病棉田生产的种子和油渣，以控制枯萎病和黄萎病的扩散和蔓延；使用包衣和杀菌剂处理的种子；对于长期种植棉花的地块采用轮作倒茬，尤其是与水稻轮作，可降低枯萎病和黄萎病病菌数量；重病田选用抗病性强的品种。

(2)地老虎和棉蓟马防治　地老虎和棉蓟马是棉花苗期的主要害虫。防治的关键是种子包衣或药剂拌种，未包衣、拌种且地老虎和棉蓟马发生严重的地块，可在齐苗后喷施 2.5%敌杀死乳油 1 000～1 500 倍液，或 50%辛硫磷乳油 1 000倍液，或 50%久效磷乳油 1 000～1 500 倍液；也可用油渣拌敌百虫诱杀地老虎。

(3)棉蚜防治　加强田间虫情调查，采取隐蔽用药和点片防治方法，每 667 平方米可沟施呋喃丹 2.5 千克或铁灭克 350～400 克，或用氧化乐果或久效磷 1 000～2 000 倍液点片喷施，也可用氧化乐果 5～10 倍液涂茎，或久效磷 40 倍液滴心，尽可能不要大面积喷药。

(4)棉铃虫防治　秋翻冬灌，铲埂除蛹，降低棉铃虫越冬虫口基数；棉田四周种植玉米诱集带和摆放杨树枝把，并对诱集带定期喷药，杀灭成虫及幼虫；利用棉铃虫成虫对黑光灯和高压汞灯的趋光性，进行诱杀；当棉田棉铃虫达到防治指标时可用赛丹或 Bt 生物制剂进行化学和生物防治。

(5)棉叶螨防治　重在早期发现，查找中心虫源，及时用克螨特防治，控制其蔓延，结合灌溉减轻危害。棉花生育盛期，如果虫害发生程度超过防治指标时，可用久效磷 1 000 倍液与敌敌畏 800 倍液混合，或用氧化乐果 1 000 倍液防治。在红蜘蛛发生严重时，也可用 20％三氯杀螨醇 1 000 倍液或 73％克螨特乳油 1 000 倍液喷雾防治。

7. 吐絮期管理

(1)清除杂草　吐絮期要彻底清除田间杂草，以保证拾花质量，减轻下茬作物的草害。

(2)打老叶促早熟　对于旺长、田间郁闭的棉田，可在初絮期打掉部分老叶，以利棉田通风透光，减少烂铃，促进早熟。对于晚熟、棉田青铃较多棉田，可在第 1 次收花后每 667 平方米使用乙烯利 150～250 克对水 40 升均匀喷雾。吐絮良好预期霜前花率达 90％以上的棉田，用量可减少或不用，反之用量应适当加大。

(3)及时采摘　棉铃充分开裂后及时收获，一般单株下部吐絮 2～3 铃时进行第 1 次采收，以后根据温度变化每 10～15 天收 1 次。对于僵瓣棉、虫噬棉要单独采摘，同时严格区分霜前花和霜后花。对于采摘后的棉花应进行分晒、分存，以提高棉花的质量与等级。在采摘和装运过程中，要防止人和畜禽毛发、异性纤维混入棉花。

(4)清除残膜　头水前未揭膜的棉田，收获后至秋翻前要拾净残膜，集中处理，以免污染土壤，影响下茬作物。

第二章　我国彩色棉生产及栽培技术

彩色棉产业作为一种正在崛起的契合人们时尚需求的产业越来越受到各界的重视。它的复苏，给棉花育种家们提供了新的研究课题和展示自己才能的绝好的机会；它的发展，也给环保、棉花种植业和纺织行业的有识之士和企业家们拓展了一个广阔的舞台。具有自然色彩的彩色棉纺织品，已经进入大众的日常生活。我们再也不必为买下的曾经印染的衣料洗过之后严重褪色而烦恼，也不再为衣服上附着的染料所含的有害物质会侵蚀我们的身体而提心吊胆了。今天，虽然天然彩色棉作为一种产业还存在诸多的问题，需要不断地发展与完善，彩色棉产品还存在这样那样的不足，天然彩色棉的育种水平和栽培技术也还急需提高。但我们有理由相信，它广阔的生长空间和强劲的发展势头必将给全球的环境保护、棉花种植业和纺织工业带来勃勃的生机，给消费者带来安全和健康。

第一节　发展天然彩色棉的意义及前景

天然彩色棉(Nature colorced cotton，也叫有色棉)，近十多年来逐渐引起人们的广泛关注，并能在人们的视野中快速的发展，是有它深刻的社会背景和深远的历史意义的。

从 20 世纪 60 年代首次提出“绿色革命”以来，社会经济与环境保护的协调发展已成为国际关注的焦点之一。环境保护作为世界各国可持续发展战略的重要组成部分，其在国际贸易中的地位和所产生的影响也日益突出。今天，全球性的绿色环保意识已不仅仅是作为一种美好的愿望而留驻人们的心头，它已能体现在人们实实在在的行动上，而且涵盖了我们日常生活的方方面面。这是我们居住的环境日益恶化所造就的，也可以说是一种深刻的教训。如今世界各国在许多领域都具有相应的环保政策和严格的环保标准，以保证我们有一个洁净、美好的活动空间。具体到服装行业，许多国家都认识到，延续了近200年的纺织和服装的生产、加工过程，实际上是一个典型的化学处理过程，不仅造成严重的环境污染、生态破坏，而且难免使有害物质附着在纺织品上，直接危害人们的健康。也许正因为这样，西方发达国家相继或联合或独自的开展了对纺织品环保认证及对其有害物质的检测和认证，如对天然彩色棉、大豆蛋白纤维、玉米纤维、牛奶纤维、竹纤维、甲壳素纤维及纳米抗菌纤维产品的生产与检测认证，制定相应的法律法规。对一些可产生致癌芳香胺、含氯有机载体和过敏性物质的300多种染料实行禁用和限量使用，以此达到对发展中国家的许多非绿色产品进行出口限制的目的。这便是“绿色贸易壁垒”(TBT)的由来。发达国家对进口产品制定“绿色标准”、“环境价值含量”、“纺织有害化学物质限量指标”等检测标准，可谓对减少国外工农业产品对本国造成的损害不遗余力。欧洲统一市场会议还通过了《拒绝对人有害物质红皮书》，反映出欧盟各国对纺织品的无毒性和舒适性方面提出了新的符合卫生与安全的更高标准。欧盟各国要求成衣服装必须统一采取“CE”标志。德国1994年7月率先颁布了禁止使用20多种致癌芳香胺及含有有害成分的118种染料的法令，对市场上附着有害染料的纺织品实行限制或取缔，还强制性地规定婴幼儿纺织品必须具有绿色标志才能出售。日本从1995年起实行《产品责任法》，规定导致成衣产品因含异物污染物等造成或引起人体皮肤过敏与伤害的责任人要负法律责任。之后奥地利、瑞士、瑞典和芬兰等国也对纺织品提出了基于人体健康和环境保护的新的要求。国际标准化组织(ISO)总部于1996年10月正式对外颁布采用ISO14000系列标准，提出"零污染"，要求纺织品和服装必须通过环保系列标准认证(即"绿色通行证")才允许进入国际市场。但有些国家为了谋求本国的最大利益，在国际贸易中，有时也会以此为借口，限制他国的产品进入本国市场。

为了适应国际趋势，打破"绿色贸易壁垒"，尽快与国际接轨，我国也对国内使用的纺织品染料进行了全面的检测，结果表明：国内常用染料涉及偶氮的共有191种，其中直接染料93种，酸性染料30种，分散染料26种，活性染料4种，还原染料2种，涂料6种，硫化染料7种。目前仍在使用的有10多种。长期以来，我国纺织品行业一直沿用"纺纱－织造－染整"的传统工艺，纺织物上大多附着有甲醛、偶氮、五氯苯酚、发光剂、荧光增白剂以及重金属等有害化学物质的残留。毫无疑问，这将极大地影响我国的纺织品出口。而且，使用染料也增大了纺织品的生产成本。据武汉国棉一厂估算，每吨原棉染色加工费一般在5 000～7 000元人民币之间。为了限制有害染料污染的进一步扩大，我国制定和采取了降低环境污染和避免人体损害的一系列相关的政策与措施。1997年2月28日，我国政府发布了等同ISO14000系列环境标准的GB/T 24000环境管理标准，并对境内相关企业进行严格的监控和抽样检查，有效地降低和阻止了各种损害与污染的进一步加剧。这一点对于刚刚加入世贸组织的中国尤为重要。当然，要完全杜绝污染、使人民的生活水平在不断提高的同时，身体尽可能地远离损害、生活质量最大程度地得到保障，我国政府还有很长的一段路要走。大力发展天然彩色棉事业，就是一项既环保又能提高人们生活质量的长远的事情。

具有天然色彩的彩色棉纺织产品，在生产过程中，不仅可以节省染料与加工工艺，节省生产成本，而且也可避免纺织品印染、漂白等化学处理的工业废水对环境的污染以及产品对人体的直接损害。据专家估测，如果彩色棉总产量能够达到普通白色棉的1%，就相当于消除了几十家印染厂对环境的污染。这一数据表明天然彩色棉的开发与利用对我们赖以生存的环境的保护有重要作用。从这个意义上讲，毫无疑问，天然彩色棉又是生态棉，其产品是绿色环保产品。而且，天然彩色棉纤维柔软、手感好，用天然彩色棉生产的服装，具有色泽柔和、质地纯正，穿着舒适安全、不褪色、经济价值高等优点，彩色棉纤维尤其适合制作接触皮肤的衣物，如各种内衣、睡衣、衬衣、T 恤及妇女卫生用品和婴幼儿用品等，较好地避免了来自“衣柜疾病”对人体的直接危害。因而不仅受到国外也受到我国棉花育种专家、环保专家及纺织、服装工业界和消费者的足够重视。特别是最近几年，一个显著的变化是，人们对天然彩色棉的兴趣已由当初的好奇转变为浓厚的商业性质。我国研究培育彩色棉品种的科研单位、开发生产彩色棉产品的企业，逐渐多了起来。天然彩色棉的环保和耐用，给开发和经营者提供了合适的市场。彩色棉产品的问世，很好地满足了时尚的人们对健康与美好生活的需求。彩色棉产品成为人类名副其实的第二肌肤，被誉为 21 世纪国际市场最具潜力的生态纺织品。实际上，早在 20 世纪 90 年代初期，经济较为发达的地区和国家如中国香港、日本、欧美等的时装店里，就已经红红火火地推出了以天然彩色棉为原料的“彩棉环保时装”。这便是天然彩色棉近期能够复兴、自然成为棉花产业中的新的热点并在不长的时期内得到快速发展的根本原因所在。总而言之，在各国都更加重视环保和农业的可持续发展的今天，天然彩色棉及其产品作为一种对人体和生态环境皆有益的特种棉，无疑将会具有更加广阔的发展前景。据国际有机农业委员会专家预测，未来30年内，全球生产的彩色棉和有机棉的产量将占到棉花总产量的30%；21世纪全世界将有60%～70%的人口使用天然彩色棉制品。这是一组鼓舞人心的数据。它标志着天然彩色棉的发展将很快达到一个新的高度。

第二节　天然彩色棉的种类与特征

天然彩色棉与普通的白色棉花相比，在应用上它是一种特殊类型的棉花，二者的主要区别在于棉絮（棉纤维）。我们常说的天然彩色棉是指棉纤维本身的各种颜色在棉花发育过程中自然产生并呈现出来的棉花（这里所说的无论有色还是白色均指的是棉纤维而不是花朵）。它原是棉花本身的一种生物学特性，其纤维彩色的生理缘由是在纤维细胞形成与细胞次生壁加厚发育时期，在其单纤维的细胞中腔内沉积了某种色素体所致。这种色素体的沉积主要受遗传基因（不完全显性基因）控制，而受环境的影响较小。这也就是采用旨在改进棉花遗传基因的现代生物学技术并结合常规育种培育具有经济价值的有色棉的基础，使培育尽可能利用彩色棉种质资源并获得符合育种目标性状和纺织标准的优良彩色棉品种成为可能。当然与白色棉一样（甚至比白色棉更难），彩色棉育种目标性状的获得并非易事。这种有色棉的色素体一般又叫突变体,在纤维细胞中腔内沉积的色素越多,棉纤维的色彩就越深,反之其颜色就较浅。

天然彩色棉目前存在的主要问题除了其纤维产量和品质难以提高外(这正是育种家们当下奋力攻克并已取得一定成效的难点之一),还有一个急需解决的问题就是,它的色彩种类的单调和色彩还不够鲜艳。现有的天然彩色棉优良品种的色彩种类目前只有棕色和绿色两种。天然彩色棉的色彩还远远没有达到使用染料的纺织品那样的丰富与多彩,那样具有很强的层次感。这两大类彩色棉新品种的纤维颜色不艳丽,主要原因是在其纤维的外部常常会形成一层蜡质状物质和木栓质保护层,因此,色素所具有的鲜艳度就降低了,纤维外观便呈现出暗淡及柔和的色调。如果能够减少或去掉这些物质和保护层,彩色棉的色彩将会变得亮丽无比。比如我们通常用含碱的洗涤剂于温水或热水中洗涤具有天然色彩的成熟棉纤维制品后,其色彩会比洗前鲜亮许多,就是这个道理(显然洗涤使纤维蜡质含量有所降低)。这一点也许还可以用来鉴别天然彩色棉制品的真伪。不过,对于纯绿色天然彩色棉制品来说,在应用过程中还会存在一些问题。这是由于绿色彩棉纤维的次生细胞壁、细胞中腔及外部均含有大量蜡质,如果洗涤后长时间暴晒于强光下,会发生光化学反应和一些色素类物质的变化,产生你不希望出现的现象:如绿色彩棉纤维的蜡质变黄,彩棉衣服外观也会由绿变黄,呈现一种黄绿色(多次洗涤和暴晒后,绿色彩棉织物最后会变成暗淡的灰白色)。这种绿色彩色棉衣服色彩的不稳定,部分原因是由于你使用不当所致,通过正确的使用方法,比如洗涤后不要暴晒于阳光下而应置于阴凉处慢慢晾干,是可以使彩色棉织物的原色保持较长一些。当然,最根本的解决办法还是要通过选育新的优良彩色棉品种来实现。

天然彩色棉的分类，目前还没有见到严格而详细的分类报道。但学者们大致已有以下两种分类习惯：按棉种类型，天然彩色棉品种可分为有色陆地棉、有色亚洲棉、有色海岛棉和有色非洲棉等类型，在这四大栽培棉种的彩色棉中，以陆地棉的数量最多，亚洲棉次之，海岛棉、非洲棉最少；按纤维色泽，正如以上所谈，现有的彩色棉品种可分为两大基本系列（两种基本类型）：棕色和绿色，这也是目前世界上仅有的两大彩色棉色泽类型。但我们在通常情况下听和见到的彩色棉颜色的种类要比这多得多，这是因为彩色棉颜色的深浅程度不同，不同学者在纤维色泽分类和识别上有一定差异。如有的人把深浅程度不同的棕色又称为棕红色、褐红色、紫褐色、褐色、咖啡色、灰棕色、土色、驼色、米棕色、淡棕色、乳黄色、淡黄色等；把不同深浅的绿色称为深绿色、淡绿色、墨绿色、灰绿色、柳绿色、翠绿色、淡绿色、草黄色等。这在人的感觉上人为的造成了有很多种颜色的感觉，使分类很不规范。另外，我们的各种传媒也许是出于报道的需要，总是把天然彩色棉的色彩说的丰富多彩、无奇不有。其实，天然彩色棉的颜色真的没有说的那么多。我国的天然彩色棉的种类，若按以上通俗的分法目前也只有淡棕色、棕色、淡绿色、绿色几种。深棕色棉纤维品质和产量通常很差，且晚熟，很难培育出有利用价值的彩棉品种，一般只能作为彩色棉种质加以利用，如鸡脚紫絮棉、黄红鸡脚叶棕絮等；淡棕色棉纤维一般不易稳定，后代可能出现棕色、淡棕色和白色 3 种分离情况，如淡紫絮花苞棉、淡棕色棉等，也有极少数淡棕色棉不出现分离。当然不能否认，随着生物技术进展和应用的不断深入，我们是可以通过特殊手段，比如通过基因转育途径来获得彩棉纤维色彩类型的增加，有报道说已经用转基因育种技术培育出红色、蓝色的天然彩色棉，只是由于这两种颜色的色素不稳定，还没有培育出彩棉品系或品种，这正是育种家们今后努力的方向和将要解决的问题。总之，天然彩色棉发展到今天，还有许多急待解决的问题，还需要学者们不断的努力和我们一如既往的关注与支持。

天然彩色棉的种植与田间管理，也与普通的白色棉花有一些不同之处。因其纤维具有独特的自然色彩，是特殊类型的棉花，因而人们在种植过程中，一般只施用有机肥料而不施用化学肥料和化学农药。这是因为天然彩色棉与普通的白色棉相比，抗虫性与抗逆性明显提高。据田间观察，棉田棉铃虫百株卵量和百株幼虫数量低于白色棉，棉蚜发生也轻于白色棉，而棉叶螨的发生呈前重后轻的趋势。这可能是由于天然彩色棉具有较多的半野生棉性状，棉株内部的化学物质如棉酚、单宁的含量明显高于白色棉，适口性较差，抗虫性明显。另外，天然彩色棉从形态上观察，其叶片轻薄而窄小，叶柄红色，株型紧凑，对棉铃虫成虫产卵吸引力较弱。这些都有可能使彩色棉与白色棉相比具有较高的抗虫性，因而在田间就可以少施或不施农药，减少污染。与白色棉相比，天然彩色棉还具有一定的抗病性和较高的耐旱性和耐瘠薄性，特别适合旱地种植，这就使得天然彩色棉的田间肥水管理比白色棉省却了许多。少施或不施化肥，同样又能减少一些污染。因此，从生态的角度看，我们前面说天然彩色棉制品是一种绿色生态纺织品，是有一定根据的。

第三节　天然彩色棉的种植历史

天然彩色棉及其制品在今天已经处于与我们的日常生活

紧密相连的层面。但它的种植史却更像一个漫长、曲折的认识过程。它受重视的程度往往由人类的认识过程和世事的变迁所左右。今天,我们无论从物种演化的角度看,还是根据考古研究的发现,都能够证明“远古的棉花纤维多带有颜色”这样一个结论。但对我们大多数人来说,棉纤维似白云一样的观念早已在我们的头脑中根深蒂固,“放眼望去,一望无际的棉田白花花一片”,我们很熟悉小学生作文里这样形容棉田景象的句子;而对有色棉纤维的感性认识不是知之甚少就是等于零。这并不奇怪。因为我们不知道“人工选择”对一个物种意味着什么。很可能在棉花这一物种登陆地球时,其纤维的颜色是姹紫嫣红的,就像它的花朵一样,有彩色也有白色。在被栽培、驯化的过程中人类发现,白色纤维的产量和品质优于彩色纤维。于是选择开始了。这样的工作程序经历了很长的时间,白色纤维棉花终于逐渐成为优势类型大规模地进入我们的日常生活,给我们以无尽的温暖。现在我们知道:除野生的和半野生的天然彩色棉外,我们常说的 4 大栽培棉种也都有天然彩色棉品种或变种的存在。很显然,天然彩色棉并不是因为近期人们更加关注自身健康和环境保护才被发现或培育出来的,而是古已有之;野生的天然彩色棉的栽培甚至与白色棉的历史一样长。

近期的研究资料表明,早在数千年前,中南美洲印第安人就已经开始栽培和利用天然彩色棉了。距今大约 4 000～5 000 余年,具有莫奇卡文化传统的印第安人已开始从安第斯山脉引种天然彩色棉并在当地进行种植,其出土的织品表明,颜色深浅程度不同的几种褐色天然彩色棉是海岛棉(*G. barbadense*)的祖先;出土的天然彩色棉织品还发现有其他色彩:蓝色、紫色、红色等,但遗憾的是这些色彩没有全部流传至今,只有一些深、浅褐色天然彩色棉流传下来。今天，在安第斯地区极为干旱的土壤条件下生产的深褐色及浅褐色天然彩色棉及其织品仍有一定的销售市场。

虽然该地方的印第安人究竟从何时开始试种天然彩色棉花，其确凿的年代已无从考证，我们只能推测认为他们是最早栽培天然彩色棉的人。但可以肯定的是，现在我们见到的天然彩色陆地棉（*Gossypium. hirsutum* L.），大多来自于美洲大陆，尤其是中美洲。500年前，彩色陆地棉已在中美洲被广泛栽种，当哥伦布1492年首次探险到美洲的古巴时，当地印第安人就赠送给他一团彩色棉纱。而南美洲的秘鲁是世界上公认的种植天然彩色棉历史最为悠久的国家，这也是有据可查的。在秘鲁北部海岸的一个村落遗址（Huaca Prieta），发现公元前3100年至公元前1300年当地人就已经开始种植天然彩色棉，并用这种深棕色的纤维编织渔网和线绳并流传至今。在中美洲的墨西哥Oaxaca附近的Teotihuacan遗址，也发现了公元前2300年的彩色棉花。

在非洲和亚洲地区，天然彩色的草棉（非洲棉）和中棉（亚洲棉）也早有栽培。沿印度西北部的Indus流域，已发现的天然彩色棉纤维可追寻到公元前2200年左右的时间，而在埃及北部努比亚人居住的地区发现的天然彩色棉织物比之印度河流域的出土物更是早了50年之多。现代埃及栽种的天然彩色棉，很有可能来源于当时运送奴隶的船只带回的有着拉丁美洲基因的有色海岛棉。

这些考古发现都证明了天然彩色棉在很早的时候就已被人类种植。只是当时栽种的彩色棉纤维品质很差，纤维普遍短而粗，强力、马克隆值和成熟度都较低，无法像普通白色棉花那样适于纺织和应用，因而以后很长时间天然彩色棉并没有发展起来。当然，天然彩色棉的未能发展，不仅仅在此。19世纪由于机械纺织工业的兴起和普通白色棉的广泛种植，尤其是在当时各国的印染技术已经发展到相当的程度，天然彩色棉逐渐退出了人们的视野。直到20世纪中叶，随着环境质量的日益恶化和生态平衡的失调，世界各国才又纷纷将注意力投入到开展有益于健康、有利于环境保护的天然彩色棉研究和纺织产品的开发与生产。

我国天然彩色棉的栽培历史虽然没有秘鲁等国那样悠久，但也可以追溯到很早的时期。翻阅我国古代的一些文献会发现，在18～19世纪（大约明、清时期）就有关于天然彩色棉被种植的零星记载，当然那时彩色棉的叫法与现在有些不同。1819年，我国江浙一带用天然紫黄色棉（亚洲棉）纤维手工纺织成的“紫花布”出口欧洲、美洲及东南亚等地就已达330多万匹，曾是那个时代风靡大英帝国的绅士时髦服装的主要布料。这是中国种植天然彩色棉和出口彩色棉织品最早的记载。其实，紫花布在当时是我国的大众衣料，我们现在已无法看到那时的人们着装的实际情况，只是从有限的文献中了解到，这种紫花布颜色质朴，结实耐用，产地多为江南地区，尤以上海松江生产的布匹最著名。紫花布在当时深受许多国家人民的喜爱。

毫无疑问，在世界的许多地方，早期天然彩色棉的栽培，不管人们是有意识还是无意识都确实存在着，而且也发展到了一定的阶段。但随着时间的推移，由于我们上面谈到的原因，天然彩色棉令人遗憾地基本完全为普通白色棉花所取代。事实上，至20世纪初期，天然彩色棉的商业性种植及彩色棉织品在亚洲、非洲、中美洲、南美洲地区基本上销声匿迹；仍保留有少量种植的只有美国路易斯安那州的法国人后裔部落以及居住在秘鲁北部的莫奇卡印第安人；此时想要了解天然彩色棉，只能去某些基因库寻找数量已经很少的作为种质资源的种子标本。这一停滞就是数百年。许多对棉花遗传育种具有很大价值的彩色棉种质资源就这样丧失了。这从另一方面也反映出当时人们对这一事物认识的局限。

第四节　国外彩色棉研究及应用概况

全世界重新关注和重视天然彩色棉花的开发与利用是在20世纪的60～70年代前后。各国育种家们经过数十年的遗传育种，来自野生有色短纤维资源的彩色棉纤维性状得到了很大改进，产量也有了大幅度的提高，培育出了我们现在看到的许多具有商业利用价值的彩色棉品种。已有的研究资料表明，截止目前世界上研究彩色棉的国家已接近30个，主要有中国、美国、埃及、秘鲁、巴西、墨西哥、法国、澳大利亚、俄罗斯、以色列、土耳其、印度、日本、巴基斯坦、荷兰、阿根廷、希腊、乌兹别克斯坦、乌克兰、土库曼斯坦、哈萨克斯坦及塔吉克斯坦等，一些起步较晚的国家如韩国、印度尼西亚以及欧洲的其他国家对天然彩色棉的兴趣也在与日俱增。

美国从20世纪70年代开始天然彩色棉的遗传育种研究工作。美国的农学家们选育彩色棉品种主要采用远缘杂交和生物技术等手段，现已培育出的彩色棉色泽种类除棕色和绿色外，大致还有浅红、浅绿、浅黄和浅褐色等，但这些彩色棉的纤维色素多不稳定，极易变异，纤维长度和强力也难以达到应用标准，目前这几种浅色彩色棉品系尚未见有在生产上大面积应用的报道。美国孟山都公司的科学家们还利用转基因技术，正在开展天然蓝色彩色棉的选育研究，他们将蓝色色素基因导入到棉花植株中，直接从转基因植株的棉铃中提取蓝色棉绒，获得转基因的蓝色棉花，这种蓝色色素基因的表达现在也还处在试验阶段。美国的一位女育种家萨莉·福克斯(Sally Fox)是世界上第一个进行天然彩色棉商业育种的人，1982年她意外地发现了一种纤维色彩异常鲜亮的变异株，1988年她终于育成了两个较为稳定的适合机纺的彩色棉品种Coyote(棕色)和Green(绿色)，并于1990年申请了专利；为了推广她的彩色棉品种，她又成立了“FOX”彩棉公司。美国得克萨斯州棉花研究中心的两位专门从事天然彩色棉选育研究的育种家Harvey Campoll和Raymond Bird于1992年成立了“BC”彩棉公司，进行天然彩色棉的规模生产和市场销售，他们育成并登记注册的彩色棉品种也是绿色和棕色两种类型。美国天然彩色棉纤维的纺织和加工主要由Vreseis和Fish Henrry两公司使用FOX公司的棉纤维进行纺纱、织布和成衣制造，销售市场主要面向欧洲，后来又扩大到日本、土耳其、印度等国。目前美国在天然彩色棉的科研、生产与开发领域仍处于世界领先地位，生产的彩色棉织品在国际市场上仍供不应求。

原苏联对天然彩色棉的研究基本都是从20世纪60年代末70年代初开始的。现位于乌克兰共和国基辅市西南郊的原苏联特殊棉花研究所，已培育出淡黄、淡红、浅蓝、浅褐及浅灰等彩色棉花，有的曾在同一植株上绽出四五种颜色各异的棉絮，但这些彩色棉有一个亟待解决的问题就是纤维色素不达标、绒太短、纤维强度低，而且色素遗传很不稳定，分离严重，还需要进一步选育、改良，目前该所还尚未育成可供大面积栽培和纺织的天然彩色棉品种。土库曼斯坦的阿什哈巴德棉花试验站，现已选育出两个浅黄色彩色棉品种CPK-1和

CPK-2 用于生产，并已被其他产棉国引种栽培。乌兹别克斯坦目前种植的天然彩色棉品种（品系）主要是从土库曼斯坦引进的 CPK-1 和 CPK-2 浅黄色棉种，这些彩色棉品种在成熟收获期（9 月下旬）有一个明显特点，即无需外界任何作用，棉叶会全部自行脱落，棉田环境非常干净，每 667 平方米平均籽棉产量为 167～200 千克。

国外近年来开展天然彩色棉研究并取得一定成绩的还有一些国家，如澳大利亚、法国，在天然彩色棉制品的开发研究上比较早，其彩色棉产品已远销国外。在亚洲植棉大国印度也开展了天然彩色棉的研究与开发，印度作为商品栽培的天然彩色棉品种主要有 Cocanadas 和 Re Northerns，这些彩色棉品种其纤维品质大都优于育成这些品种的彩色棉亲本，皮棉产量也高于亲本。1996 年印度农业研究委员会批准了一项天然彩色棉研究计划，主要研究天然彩色棉纤维的遗传规律、突变和多倍体化机制，以培育出新型天然彩色棉品种，还试将棕色和绿色基因转移到优良的普通白色棉品种中，以培育具有纺纱性能的高产天然彩色棉品种和杂交种。以色列国家也拥有属于自己的 3 个紫色天然彩色棉品种，彩色棉服装产品主要销往美国和欧盟国家。

总之，世界上许多产棉国都已不同程度地开展了天然彩色棉的研究与开发工作，而且各自也取得了或多或少的成就，培育出了包括棕色和绿色彩色棉品种在内的多种天然彩色棉品种（系），但这些彩色棉类型真正经过国家（或政府）正式注册准许发放并形成品种在生产上得到规模应用的只有棕色和绿色彩色棉两种类型。这方面比较有名的有美国的“FOX”、“BC”和原苏联的“CPK-1”和“CPK-2”棕、绿色天然彩色棉品种，其实 CPK-1、CPK-2 浅黄色彩色棉实际上是棕色的一种，只不过其色彩在外观上要比棕色淡一些。美国彩色棉品种的选育技术、育种成就、栽培与加工应用规模,在全世界彩色棉研究国中也是最好和最富有成效的。美国也因此在天然彩色棉的研究与应用上,走在了世界各国的前面。

全球彩色棉 2000 年、2001 年种植面积分别为 3.13 万公顷、3.4 万公顷,皮棉总产分别为 4.8 万吨、5.2 万吨;2002 年总面积达到 6.4 万公顷,总产量达到 10 万吨;2003 年面积突破 6.67 万公顷,总产量突破 10 万吨,分别达到 7.8 万公顷和 12 万吨。

第五节 我国彩色棉研究及应用概况

经过十多年的努力,我国已成为仅次于美国的世界上第二个天然彩色棉研究、生产与开发应用大国。

我国开展天然彩色棉研究的单位有十多个,主要有中国农业科学院棉花研究所、中国彩棉科技股份有限公司、中国科学院遗传研究所及四川、湖南、浙江、甘肃、安徽、山西等一些省级棉花研究所,目前这些科研机构已有棕色、绿色天然彩色棉品种十几个通过国家或省、自治区审定,并已选育出大量的彩色棉新品系或中间材料,如中国农业科学院棉花研究所培育的棕絮 1 号、中棉所 51 号,湖南省棉花科学研究所培育的湘彩棉 1 号、湘彩棉 2 号,湖北省农业科学院经济作物研究所的新品系棕 75 和彩色杂交棉彩 A-98,浙江省农业科学院作物研究所的浙彩棉 1 号、浙彩棉 2 号,四川省农业科学院棉花研究所的彩色杂交棉品种川选 3 号、川选 4 号,四川金天生态彩色棉有限公司的川彩棉 1 号、川彩棉 2 号,中国彩棉(集团)股份有限公司培育的新彩棉 1 号至新彩棉 7 号和新彩棉 9

号，甘肃省农业科学院棉花研究所的陇绿1号、陇绿2号和陇棕1号，山西省农业科学院棉花研究所培育的运彩N8283等。我国培育的部分彩色棉新品种(系)其丰产性、生产性品质(如衣分率、抗逆性、抗病和抗虫性等)和纤维品质(如纤维长度、强度和马克隆值等)都已超过了美国的彩色棉品种，处于国际领先地位，尤其是彩色杂交棉和棕色长绒棉。

我国彩色棉规模化生产起始于20世纪90年代中期，但直到2000年全国种植面积才达到800公顷，皮棉总产0.06万吨；2001年发展较快，面积和皮棉总产分别达到5 100公顷和0.45万吨；2002年和2003年是我国种植彩色棉最多的两个年份，面积分别为1.47万公顷和1.73万公顷，皮棉总产量分别为1.52万吨和2.10万吨；2004～2006年彩色棉种植面积在0.8万～1万公顷之间，皮棉总产1.0万吨以上。近几年，我国的彩色棉种植面积以新疆棉区最大，占全国的90%以上，其中主要分布在北疆石河子农八师；甘肃省是我国种植彩色棉的第二大省，2006年种植面积1 067公顷，集中在敦煌市，多数为绿色彩色棉。由于我国许多棉花科研单位已培育出了适合各自生态区的彩色棉品种，随着彩色棉市场需求的进一步扩大，多数棉区均可根据当地的生态条件选择适宜种植的彩色棉品种。

九采罗彩棉有限公司是我国彩色棉行业的先驱，20世纪90年代中后期与多家棉花科研单位合作先后在北京、河南、四川、甘肃、辽宁、新疆、海南成立了多家分公司，形成了第一个彩色棉产业化组织。中国彩棉(集团)公司在起步时以彩色棉生产为主，经过多年的发展，逐步形成了科研、育种、种植、收购、加工、销售和产品开发、生产、销售一条完整的产业链，拥有50多万人的彩色棉产业大军，打造出中国彩色棉行业第一品牌——“天彩”。2004 年,随着我国彩色棉业的发展,又出现了“顶瓜瓜”、“朵彩”、“帕兰朵”、“北极新秀”、“南极人”等一大批品牌彩色棉产品,一些专业生产保暖内衣的厂家,都调转船头,大声吆喝回归自然的“彩色棉”,纷纷推出彩色棉产品,彩色棉成了众多内衣厂家用来拉动市场的法宝,内衣终于迎来“中国内衣彩色棉年”。2005 年,是中国彩色棉行业快速发展的一年,众多企业、众多品牌如雨后春笋,多数生产内衣的厂家纷纷推出彩色棉内衣,共同把彩色棉市场炒得风生水起,使我国彩色棉迎来了“盛世年”,似乎一步就跨越了其他行业艰难而漫长的行业启动期,进入了行业发展期的快车道。总之,近几年,我国天然彩色棉花产业作为纺织行业中迅速崛起的新兴产业,为我国棉花种植业和纺织服装业参与国际竞争创造出一条新路。

第六节　我国天然彩色棉新品种

一、中棉所 51 号(棕絮)

中国农业科学院棉花研究所 1997 年利用转基因抗虫棉中棉所 41 选系 971201 为母本,与综合性状较好的棕色彩色棉 RILB263102 杂交配制而成的浅棕色、高产、优质、抗虫杂交棉新品种(代号中 BZ12)。2005 年获得国家转基因生物安全生产证书,同年 4 月通过国家农作物品种审定委员会审定。

(一)特征特性

该杂交种生育期 131 天左右。株高 89.7 厘米,单株平均结铃数 16.4 个,铃卵圆形,铃重 5.4 克,衣分 38.1%,子指 10.2 克。株型较紧凑,果枝上举,叶片适中,出苗较快,苗壮,前期长势好，后期长势较弱，整齐度好，结铃性较强，早熟性好，果枝始节位较低，吐絮畅而集中，抗虫性好，抗枯萎病、耐黄萎病，棉纤维为浅棕色。

(二)纤维品质和产量

2.5%跨长 30.5 毫米，比强度 30.4 厘牛顿/特克斯(HVICC 标准)，马克隆值 4.5，纤维整齐度 84.7%，伸长率 6.7%。品质优良，适于纺中高支棉纱。

品种区域试验结果，两年平均每 667 平方米籽棉、皮棉和霜前皮棉产量分别为 242.0 千克、91.9 千克和 86.9 千克，其中 2001 年与对照中棉所 38 相近，2002 年比对照中棉所 41 籽棉产量略高，皮棉产量和霜前皮棉产量比对照略低，霜前花率为 94.4%。

生产试验：每 667 平方米籽棉、皮棉和霜前皮棉产量分别为 192.4 千克、73.0 千克和 70.3 千克，分别为对照中棉所 41 的 106.7%、97.1%和 101.4%，霜前花率为 96.3%。

(三)抗虫和抗病性

中国农业科学院棉花研究所植保研究室网室和人工病圃鉴定，二代棉铃虫蕾铃被害率 14.65%、虫害减退率 80.08%，百株幼虫 6.3 头；枯萎病和黄萎病病情指数分别为 5.47 和 26.15，综合评价为抗虫性 2 级，属抗枯萎病、耐黄萎病品种类型。

(四)适宜范围及栽培技术要点

1. 适宜范围 适宜黄河流域棉区作春棉品种种植。

2. 栽培技术要点 一般直播于 4 月中旬，地膜覆盖或营养钵育苗播期可适当提前。每 667 平方米栽植密度为 2 500 株左右。

二、棕色棉新品种 TC-03(棕絮)

棕色棉新品种 TC-03 是山西省农业科学院棉花研究所与新疆中国彩棉(集团)股份有限公司、中国科学院遗传与发育生物学研究所共同培育而成。1999 年以棕色棉品种新彩棉 2 号为母本,以优质高产的普通白色棉冀合 713 为父本杂交选育而成。2005 年通过山西省农作物品种审定委员会审定。

(一)特征特性

TC-03 全生育期 123～131 天,属天然棕色陆地棉中早熟品种。植株筒型,株型松紧适中,长势稳健不早衰,株高 87～100 厘米;主茎节间疏朗,果枝紧凑,棉株个体与群体通透性均较好。茎秆红绿色,有茸毛;叶片心形,深绿色,5 裂,缺刻不深,叶片大小适中。果枝始节位 6.7,单株果枝 12～13 个,果枝上举。该品种结铃性较强,单株铃数 14～18 个,铃卵圆形,4～5 室,铃壳薄,吐絮畅,易采摘。苞叶绿色,3 片。铃重 5.0～5.3 克,衣分 30.4%～33.5%,子指 10.9 克。棉絮棕色,比其母本略浅,色彩较柔和,均匀一致,并且棉株上下不同部位棉铃的棉絮色彩基本一致,棉铃端部和基部棉絮色泽基本均匀一致,株间差异也较小。

(二)纤维品质

2003 年和 2004 年经农业部棉花纤维品质监督检验测试中心检测结果(HVICC 标准):2.5%跨长 24.8～26.1 毫米,比强度 22.1～22.9 厘牛顿/特克斯,马克隆值 2.7～3.1,反射率 54.6%～58.4%,黄度 13.0～14.0,纤维整齐度 78.3%～84.4%,伸长率 8.2%～9.2%,纺纱均匀性指数 87～115。

(三)产量表现

2003 年参加山西省南部中早熟棉花区域试验二组(特色棉组)试验,每 667 平方米皮棉产量 57.1 千克,为白色棉对照品种晋棉 31 号的 76.8%,达到了特色棉的产量要求;2004 年参加山西省南部棉花区域试验生产示范试验,每 667 平方米皮棉产量 66.4 千克,为白色棉对照品种晋棉 31 号的 97.8%。两年产量均达到特色棉的产量指标。

(四)抗虫性和抗病性

2003 年山西省南部棉花区域试验调查结果,二代棉铃虫百株残虫 1.25 头,三代 1.92 头,二代棉花被害株率 3.6%;采叶片饲喂试验结果综合评判抗虫性中等,接近对照抗虫品种晋棉 31 号(二代棉铃虫百株残虫 0.32 头,二代棉花被害株率 3.1%,采叶片饲喂试验结果综合评判抗虫性中等)。2003 年山西省南部棉花区域试验抗病鉴定结果,枯萎病发病率 8.4%,病情指数 5.7,抗性级别为抗病;黄萎病发病率 46.9%,病情指数 33.2,抗性级别为耐病。

(五)适宜范围及栽培技术要点

1. 适宜范围 适宜在黄河流域和西北内陆中熟及中早熟棉区栽培。每 667 平方米留苗 3 500～4 500 株。

2. 栽培技术要点 参考第二章、第七节一、二和第九节一。

三、运彩 N8283(棕絮)

运彩 N8283 是山西省农业科学院棉花研究所以早熟的原苏联棕色棉品种为母本、高产抗逆性强的晋棉 25 号为父本杂交选育而成的棕色彩色棉新品种。2003 年参加山西省南部中熟棉品种区域试验,2004 年参加山西省南部中熟彩色棉品种生产试验，表现良好，2005 年通过山西省农作物品种审定委员会审定。

（一）特征特性

生育期 126 天。植株筒型。出苗快齐，生长势较强，铃较大，吐絮畅，较白色棉烂铃少。结铃性强，单株成铃 17.9 个，铃重 5.2 克，衣分 33.9%～37.0%。纤维棕色较深，色彩柔和。对棉铃虫、棉蚜有一定的耐性。

（二）纤维品质

2002 年经农业部棉花纤维品质监督检验测试中心测定（HVICC 标准），2.5%跨长 26.5 毫米，比强度 26.0 厘牛顿/特克斯，马克隆值 3.5；2004 年生产试验棉样，2.5%跨长 25.3 毫米，比强度 25.4 厘牛顿/特克斯，马克隆值 4.6。

（三）产量表现

区域试验平均每 667 平方米籽棉产量 204.3 千克，皮棉产量 62.6 千克，为对照晋棉 31 号的 84.3%，生产试验平均每 667 平方米籽棉产量 195.7 千克，皮棉产量 66.4 千克，比对照晋棉 31 号增产 1.2%。2004 年在盐湖区农场试种平均每 667 平方米籽棉产量 228.4 千克，皮棉产量 84.5 千克。

（四）抗病虫性

2003 年山西省农业科学院棉花研究所植保室进行抗病鉴定，枯萎病病株率 10.2%，病情指数 6.1；黄萎病病株率 58.1%，病情指数 41.6。2004 年于花蕾期进行田间取叶、室内饲虫试验，抗棉铃虫性与白色棉对照品种运 98-2 相当，对棉铃虫有一定的耐性；对棉蚜也有一定耐性：2003 年和 2004 年连续两年棉蚜大发生，运彩 N8283 棉蚜危害程度明显轻。

（五）适宜范围及栽培技术要点

1. 适宜范围 该品种适宜黄淮流域棉区及新疆南部中

早熟棉区种植。

2. 栽培技术要点 因其生育个体较早期的抗虫棉新棉33B、99B偏大，比现在推广的大铃抗虫棉又小，因此，在同样地力条件下，其种植密度应比大铃抗虫棉增加5%～7%，黄河流域棉区一般每667平方米密度应为4 000株左右。该品种虽具有一定的耐虫性，但不是抗虫棉，故应及时治虫，尤其对棉红蜘蛛等虫害更应及时防治。

四、川彩棉1号(棕絮)

川彩棉1号是四川金天生态彩色棉有限公司选用自育棕絮棉品系“215XY-2”(引进四川农业大学棕絮棉材料)的杂交后代，经过多代次南繁选育，连续自交提纯系选而成(代号为金S_{22-1})。于2004年经四川省农作物品种审定委员会审定。

(一)特征特性

属中早熟陆地棉品种，生育期133天左右。该品种植株塔型，Ⅲ式果枝，株型较紧凑，茎秆坚实，有短而细茸毛；叶片中等大小，叶色深绿，缺刻较浅，叶片稍有皱折。株高75.4～80厘米(密度3 000～3 500株/667平方米条件下)，根系发达；第一果枝着生节位4.8～5.5节，果枝有弹性，结铃性强，上、中、下部结铃较匀称；铃卵圆形，中等大小，4～5室；单铃重5.0～5.5克，衣分38%左右，衣指6.1克，籽指10.12克。整个生育期生长稳健，整齐度较好，铃壳较薄，吐絮畅，早熟不早衰。经田间“三性鉴定”遗传稳定，一致性较好，抗枯萎病，耐黄萎病，适应性广。

(二)纤维品质

吐絮时棉纤维棕色，色素稳定，经洗涤不褪色。连续两年多点取样，经农业部棉花纤维品质监督检验测试中心测试结果(HVICC):平均 2.5%跨长 27.2 毫米,比强度 26.3 厘牛顿/特克斯,平均马克隆值 4.85;经成都康宝兴纺织实业股份有限公司试纺和批量生产纺成精梳 40^{S},经四川省纤检局检测结果,彩色棉纱品级达优等一级。

(三)产量表现

经四川省区域试验和生产试验结果,平均每 667 平方米产籽棉 203.5 千克,每 667 平方米产皮棉 75.9 千克,分别为对照(白棉丰产品种川棉 56)的 90%和 80%以上,接近白棉大面积生产水平。

(四)栽培技术要点

3 月下旬至 4 月上旬苗床播种,采用"双膜"调温育苗。根据前茬作物收获期,4 月下旬至 5 月上旬适时移栽。漕坝肥沃土,每 667 平方米种植 3 000～3 200 株;丘陵旱地每 667 平方米种植 3 200～3 500 株;三台瘦薄土每 667 平方米种植 3 500～4 000 株。采用地膜覆盖系列规范化植棉枝术,充分利用前、中期(6～8 月)对棉株生育十分有利的气候。施肥一般要求一底二追,即基肥足、有机肥为主、适量配施磷、钾肥;第一次见花揭膜追肥,以有机肥为主,配施速效性的氮、磷、钾肥,大窝深施,施后及时培土;15 天后进行第二次追肥,根据棉株长势及气候特点补施保桃肥,主要施人、畜粪水和速效性的氮肥。根据棉株的长势及时喷施缩节胺,一般喷施3～5次,掌握前轻后重,每 667 平方米按先后时间顺序喷施缩节胺 0.5 克、1.0 克、1.5～2 克,每 667 平方米总用量控制在 4～5 克。加强病虫田间测报,苗期重点防治土蚕、红蜘蛛、蚜虫等害虫,蕾期重点防治红铃虫、红蜘蛛、棉蚜等害虫,花铃期重点防治红铃虫、棉铃虫、金刚钻、伏蚜等害虫交替或同时发生危害。其他田间农艺措施与普通白棉相同。

五、川彩棉2号(绿絮)

川彩棉2号是四川金天生态彩色棉有限公司选用自育绿絮棉品系“213”×“60093”(引进绵阳市农业科学研究所的绿絮棉材料)的杂交后代,经过F_2～F_6南繁加代自交提纯选育而成(代号为金c14-2)。2004年经四川省农作物品种审定委员会审定并命名。

(一)特征特性

该品种属陆地棉中早熟品种。植株塔型,疏朗,Ⅲ式果枝,通风透光性好,植株较高。叶片中等大小,叶色深绿,缺刻较浅,有皱折,主茎坚实,有短而密的茸毛,抗倒伏性好。结铃性强,铃卵圆形,中等大小,“三桃”匀称,生长势较旺,早熟不早衰,铃壳薄、吐絮畅。单铃重4.8～5.1克,衣分29.4%～30.6%,衣指4克,子指10.3克。种子绿色,经田间“三性鉴定”遗传稳定,一致性较好,抗枯萎病,耐黄萎病。

(二)产量表现

经四川省区域试验和生产试验结果,平均每667平方米产籽棉226.5千克,产皮棉63.7千克,籽棉、皮棉产量已接近白棉丰产品种大面积生产水平,与20世纪末相比,21世纪初该公司在四川省部分主产棉县大面积生产示范的绿絮老品种(系)有了很大的突破。

(三)纤维品质

该品种纤维品质通过多点取样,经农业部棉花纤维品质监督检验测试中心测试结果(HVICC):平均2.5%跨长28.8毫米,比强23.3厘牛顿/特克斯,马克隆值2.7;经成都康宝兴纺织实业股份有限公司连续3年试纺和批量生产纺织结果表明,可纺性好,可纺成精梳32^s～40^s支纱。

(四)栽培技术要点

参考川彩棉1号。

六、湘彩棉1号(绿絮)

湘彩棉1号(原名绿89)是湖南省棉花科学研究所采用复式杂交方法68-3×[(湘棉16号×绿-1)F_5],于1999年选育的彩色棉新品种,2004年2月16日通过湖南省农作物品种审定委员会审定并命名。

(一)特征特性

该品种纤维呈绿色,植株塔型,株高125厘米左右,茎秆粗壮,抗倒伏能力强,叶片中等大小,叶色较绿,中上部结铃多,铃卵圆形,性状稳定,一致性好,生育期130天左右,中熟偏早,单铃重4.91克,衣分31.27%,子指10.60克,衣指4.37克。

(二)产量表现和纤维品质

该品种于1999年至2003年在汉寿县、澧县和涔澹农场等地试种,一般每667平方米可产籽棉210～250千克,每667平方米可产皮棉60～80千克,皮棉产量可达到湘杂棉2号的60%～70%,纤维品质经农业部棉花纤维品质监督检验测试中心测定(HVICC标准):绒长28.9毫米,整齐度48.2%,比强度18.7厘牛顿/特克斯,伸长率8.9%,马克隆值3.2。

(三)栽培技术要点

在栽培管理上应注意如下几点:①适时播种,4月中下旬选晴好天气播种,营养钵育苗;②合理密植,一般肥力棉田每667平方米种植1600株左右;③科学施肥。以有机肥为主,基肥为主,一般每667平方米施尿素25千克,钾肥15千克,进口复合肥20千克;④适时化学调控,掌握前轻后重,少量多次原则,一般每667平方米缩节胺总用量控制在8～10克;⑤防治病虫害,采用物理、生物和化学防治相结合的方法,加强后期红铃虫和棉铃虫的防治;⑥及时采摘,在棉花正常吐絮后,及时采摘,注意分捡、分晒、分轧,避免与白棉混杂。

七、湘彩棉2号(棕絮)

该品种是以1994年从中国农业科学院棉花研究所引进并经过纯合后的棕色棉选系为母本,1996年用高产、优质的白色棉选系48-3作父本杂交,其杂交后代经多年南繁北育、定向筛选,于1999年选育出了丰产性好、品质优的棕色棉品系棕28-32。棕28-32连续3年试种,都表现出了高产、优质的特点,2002年通过湖南省农作物品种审定委员会审定并命名。

(一)特征特性

该品种生育期128天左右,中熟偏早。植株塔型,株型紧凑,高大,叶色较深,叶片中等,通风透气性好,耐肥性强;结铃性强,整齐一致,株高125厘米左右,铃重4.70克,铃壳薄,吐絮畅,易采摘,衣分38.0%左右,子指12.7克,衣指6.4克。

(二)纤维品质

该品种纤维经抽样送农业部棉花纤维品质监督检验测试中心测定(HVICC标准),2.5%纤维跨距长度27.3毫米,整齐度45.6%,比强度26.3厘牛顿/特克斯,伸长率6.1%,马克隆值3.5。

(三)产量表现

1999年品系比较试验中,可产籽棉202.51千克,皮棉76.9千克,分别为湘杂棉2号(对照)的89.1%和82.6%;

2000年湖南省内生产示范，每667平方米产籽棉175.5千克，产皮棉66.7千克，分别为湘杂棉2号（对照）的85.3%和79.4%；2001年参加本单位基地生产示范，每667平方米产籽棉263.0千克，产皮棉107.5千克，分别为湘杂棉2号（对照）的94.1%和88.6%；当年还参加了湖南省涔澹农场生产示范，每667平方米产籽棉209.0千克，产皮棉83.5千克，分别为湘杂棉2号（对照）的87.2%和84.1%。经多年多点生产示范试验，该品种丰产性能达到或超过了国内同类专用棉产量标准。

（四）抗病性

通过多年试验、试种、示范及生产的表现结果和病圃分析，该品种抗枯萎病、耐黄萎病，并对棉花苗病有较好的抗性。

（五）栽培技术要点

4月中下旬选晴好天气苗床播种。栽培密度可比常规白棉或杂交棉偏密，长江中下游地区一般每667平方米种植1 800～2 200株；中等肥力下棉田，以每667平方米种植2 000～2 500株为宜。施足基肥，以有机肥为主，一般每667平方米施尿素25千克、钾肥15千克、挪威复合肥20千克；建议每667平方米增施腐熟猪粪水7.5吨、饼肥100千克，如能增施其他有机肥（如猪、牛粪等）500千克，效果更佳。所有施肥分基肥50%～65%，花铃肥25%～35%，壮桃肥10%～15%三次施下为宜。适时化学调控。前轻后重，少量多次，每667平方米缩节胺总用量8～10克为宜。加强中后期角斑病、红粉病、红腐病、烂桃病等棉桃病害的防治；运用物理和生物防治相结合的方法防治棉铃虫，尤其是加强对后期棉铃虫和红铃虫的防治。在棉花正常吐絮后，及时采摘，注意分捡、分晒、分贮，避免和白棉混杂。

八、浙彩棉 2 号(棕絮)

由浙江省农业科学院作物与核技术利用研究所以白色棉浙江 102 为母本、天然彩色棉 U01 为父本,以后两次与白色棉浙 102 为母本回交配制的常规天然彩色棉新品种。2002～2003 年参加浙江省棉花区域试验,2004 年在金华市城区洋镇参加示范试验,2005 年参加浙江省棉花品种生产试验,2006 年通过浙江省农作物品种审定委员会审定并命名。

(一)特征特性

属中熟偏早类型,浙江省棉花区域试验结果;生育期为 128 天,与对照常规白棉泗棉 3 号相仿;植株中等高,株型紧凑,呈塔型,茎秆粗壮,生长势强,田间整齐度好;抗倒性较好,果枝上举;叶型为常态叶,叶片中等大小,叶色中等绿。铃卵圆形,结铃性强,吐絮畅,絮色为棕色。平均株高 107.9 厘米,单株有效铃 18.1 个,铃重 4.7 克,除衣分稍低外,其余各项指标与对照泗棉 3 号相仿。

(二)纤维品质

2002～2003 年农业部棉花纤维品质监督检验测试中心检测结果(HVICC 标准),2.5% 跨长 27.8 毫米,整齐度 83.8%,比强度 29.3 厘牛顿/特克斯,伸长率 6.1%,马克隆值 4.7。各项指标符合纺织工业纺纱的要求。

(三)产量表现

两年区域试验平均每 667 平方米产籽棉 214.3 千克,为对照白棉花泗棉 3 号的 100.1%;平均每 667 平方米产皮棉 73.1 千克,为对照的 77.0%。2005 年浙江省棉花生产试验平均每 667 平方米产籽棉 224.2 千克,为对照白棉花湘杂棉 2 号的 96.1%,每 667 平方米产皮棉 79.9 千克,为对照的 83.2%。

(四)抗 病 性

2002～2003 年浙江省农业科学院萧山棉麻所枯萎病抗性鉴定结果:平均蕾期发病率和校正病情指数分别为 6.48 % 和 3.94,均表现为高抗枯萎病。2005 年生产试验劈秆调查的枯萎病发病率和病情指数为 5.1% 和 1.7。同年经中国农业科学院棉花研究所植物保护研究利用金标 Bt-CryIAb/Iac 免检测试纸条种子检测,浙彩棉 2 号为非转基因品种。

(五)栽培技术要点

4 月上旬左右苗床播种,5 月上中旬移栽;露地直播宜在 4 月 20 日左右播种。密度一般每 667 平方米种植 1 500～2 300株;肥力水平高的棉田,以每 667 平方米 1 500～1 800 株为宜,行距宜控制在 1 米左右,株距为 0.3 米左右,以利于充分发挥个体生长势及群体优势。浙彩棉 2 号出苗快,前期长势强,开花结铃较为集中,后期长势一般,所以在施肥时应掌握施足基肥,适当增施磷、钾肥,重施花铃肥,增施饼肥等有机肥,做到有机肥无机肥相结合,注意防止后期肥料偏多,造成贪青晚熟。虫害防治的重点是第三代、第四代棉铃虫,当第三代、第四代棉铃虫高峰期,残虫量达到防治标准时,应及时进行喷药防治。与常规白棉花品种相比,因治虫次数总体减少,要注意对棉蚜、棉叶螨等其他虫害的防治。收摘充分开裂、铃壳较干燥的棉铃,若不下雨应让其在棉株上晒一两天再采摘,使整朵天然彩色棉色泽一致,纯正亮丽。

九、新彩棉 1 号(棕絮)

新彩棉 1 号(原代号棕 9801)系新疆天然彩色棉花研究所(隶属新疆中国彩色棉(集团)股份有限公司,下同)1996 年从引进的棕色彩棉 BC-B01 品系中,经多年系统选育和南繁加代育成。2000年通过新疆维吾尔自治区农作物品种审定委员会审定并命名。

(一)特征特性

从出苗到吐絮127～131天,属早熟类型品种。株高65～75厘米,主茎节间长度为3.5～4.0厘米。在高密度、全程化学调控条件下,株型为筒型,Ⅲ型果枝,果枝7～9台,第一果枝着生节位为6节,第一果枝高度19～20厘米。下部侧枝较少,为1～2个,多数均能结桃。叶片薄,叶量少。铃为椭圆形,铃嘴稍尖,多为4～5室。铃重5克,单株结铃为6～8个。絮棕色,吐絮集中。衣分32%～34%,衣指5.3克、子指14.7克,短绒、棕色。

(二)纤维品质

据农业部棉花纤维品质监督检验测试中心HVI900对区域试验棉样检测,结果显示(ICC标准):2.5%跨距长度29.4毫米,比强度21.9厘牛顿/特克斯,马克隆值3.4,整齐度48.1%,伸长率7.6%。纤维品质的长度、强度指标均达到白色陆地棉的较优质品种标准。

(三)产量表现

该品种丰产性好,大面积每667平方米产皮棉86千克左右,最高可达100千克以上。

(四)抗病性

该品种对枯萎病具有一定的抗病性,但不抗黄萎病。

(五)适宜范围及栽培技术要点

1. 适宜范围 该品种适宜新疆南疆和北疆的早中熟宜棉区种植。

2. 栽培技术要点 新疆最佳播期为4月上中旬;每667平方米种植一般为1.1万～1.2万株,每667平方米收获株数为 1.0 万株左右；重施有机肥；实行全程化学调控，坚持“早、轻、勤”原则，全生育期一般化学调控 4～5 次，2～3 片真叶时微控，6～8 片真叶时轻控，初花期时加量控，打顶前重控。播种前需药剂拌种，防治苗期地下害虫；作物生长期间，采取隐蔽施药，保护利用天敌。该品种较耐旱，一般生育期灌水 3～4 次，头水要及时，8 月下旬停水。北疆地区 7 月 5～10 日打顶，南疆地区 7 月 10～20 日打顶。

十、新彩棉 2 号（棕絮）

新彩棉 2 号（原代号棕 9802）由新疆天然彩色棉花研究所 1996 年从美国引进的棕色彩棉 BC-B05 品系，经多年系统选育和南繁加代育成。2000 年由新疆维吾尔自治区农作物品种审定委员会审定并命名。

（一）特征特性

从出苗到吐絮 133～138 天，属早中熟类型品种。株高 60～75 厘米，主茎节间长度为 3.5～4.0 厘米。在高密度、全程化学调控条件下，株型紧凑，Ⅱ型果枝，果枝为 10～11 台，第一果枝着生节为 5.8～6.0 节，高度为 17～18 厘米。侧枝较少，为 1～3 个，叶片适中，叶量中等。铃为卵圆锥形，多为 4～5 室，铃重为 5 克左右，单株结铃为 7～9 个。絮棕色，吐絮集中。衣分 33%～36%，衣指 5.3 克、子指 14.6 克，短绒、棕色。

（二）纤维品质

据农业部棉花纤维品质监督检验测试中心 HVI900 对区域试验棉样检测，结果显示（ICC 标准）：2.5%跨距长度 28.3 毫米，比强度 20.1 厘牛顿/特克斯、马克隆值 3.6，整齐度 48.9%、伸长率 8.1%。长度和比强度与白色陆地棉一般品种相同。

(三)产量表现

该品种丰产性好，大面积平均每667平方米产皮棉90～100千克，最高可达142千克以上。

(四)抗病性

该品种对枯萎病具有一定的抗性，但不抗黄萎病。

(五)适宜范围及栽培技术要点

1. 适宜范围 该品种适宜新疆南疆和北疆地区的早中熟宜棉区种植。

2. 栽培技术要点 新疆最佳播期均为4月上中旬；每667平方米种植密度一般为1.1万～1.2万株，每667平方米收获株数为1万株左右；重施有机肥；实行全程化学调控，坚持"早、轻、勤"原则，全生育期一般化学调控3～5次，其中2～3片真叶时微控，6～8片真叶时轻控，初花期时加量控，打顶前重控。播前需药剂拌种，防治苗期地下害虫；作物生长期间，采取隐蔽施药，保护利用天敌。该品种较耐旱，一般灌水3～4次，头水要及时，第二水要紧跟，第三水、第四水保证田间湿润，8月下旬停水。北疆地区7月5～10日打顶，南疆地区7月10～20日打顶。

十一、新彩棉3号(绿絮)

新彩棉3号(原代号绿9803)由新疆天然彩色棉花研究所在1996年从美国引进的绿色彩棉BC-G01品系，经多年系统选育、定向选择和南繁加代育成。2002年由新疆维吾尔自治区农作物品种审定委员会审定并命名。

(一)特征特性

出苗到吐絮为129～135天，属早中熟类型品种。株高

68.8 厘米，主茎节间长度为 3.0～3.3 厘米。侧枝少，一般 1.6 个。株型较松散，呈塔型，Ⅱ－Ⅲ型果枝，第一果枝着生节位 5.1 节，高度为 16.2 厘米，一般有果枝 10.0 台。叶片稍宽，掌状分裂，裂口稍深，叶量中等。花瓣大，乳白色。铃为椭圆形，铃嘴稍尖，一般为 4～5 室，铃重为 4.6 克，单株结铃为 6.9 个。絮色为草绿色，吐絮集中，衣分 24.5%～26.6%，子指 11.58 克，不孕籽 7%，短绒、绿色。

（二）纤维品质

据农业部棉花纤维品质监督检验测试中心 HVI900 对区域试验棉样检测，结果显示（ICC 标准）：2.5% 跨距长度 27.6～28.2 毫米，比强度 13.9～16.6 厘牛顿/特克斯，马克隆值2.5～2.8，整齐度 45.7%，伸长率 8%。纤维品质居供试绿色彩色棉品系首位。

（三）产量表现

该品种产量较高，在一般栽培条件下，平均 667 平方米产皮棉 45～55 千克。

（四）抗 病 性

据新疆植物检疫站对枯萎病、黄萎病鉴定结果均为感病，不抗枯萎病和黄萎病。

（五）适宜范围及栽培技术要点

1. 适宜范围 适宜在南疆和北疆地区的早中熟棉区无病田或轻病田种植。

2. 栽培技术要点 播种期均在 4 月上中旬；一般每 667 平方米种植密度为 1.1 万～1.2 万株，每 667 平方米收获株数为 0.9 万～1.0 万株；重施有机肥；全程化学调控，全生育期一般化学调控 4～5 次，2～3 片真叶时微控，6～8 片真叶时轻控，初花期时加量控，打顶前重控。播前需药剂拌种，防治苗期地下害虫；作物生长期间，采取隐蔽施药，保护利用天敌。全生育期一般灌水3次。北疆地区7月5～10日打顶，南疆地区7月10～15日打顶。

十二、新彩棉4号（绿絮）

新彩棉4号（原代号绿9804）由新疆天然彩色棉花研究所从1996年从美国引进的绿色彩棉BC-G01品系的变异株，经多年系统选育、定向选择和南繁加代育成。2002年通过新疆维吾尔自治区农作物品种审定委员会审定并命名。

（一）特征特性

出苗到吐絮127～131天，属中早熟类型品种。株高73.0厘米，株型稍紧凑近似筒型，茎秆坚韧挺拔。主茎节间长度为3.3～4.0厘米。植株下部侧枝少，一般为1.3个。Ⅱ型果枝，第一果枝着生节位为5.8节，高度17.5厘米，一般有果枝10.4台。叶片较宽，掌状分裂，裂口稍浅，叶量中等。花瓣大，淡乳白色。铃为圆锥形，铃尖稍钝，一般为4～5室，铃重为4.7克，单株结铃为6.5个。絮色为绿色，吐絮集中。衣分22.4%～25.2%，子指12.17克，不孕籽8%，短绒、绿色。

（二）纤维品质

据农业部棉花纤维品质监督检验测试中心HVI900对区域试验棉样检测，结果显示（ICC标准）：2.5%跨长26.3毫米，比强度11.57～13.71厘牛顿/特克斯，马克隆值2.5～2.6，整齐度44.7%，伸长率7.7%。

（三）产量表现

产量较高，在一般栽培条件下，平均每667平方米产皮棉45～60千克。

(四)抗 病 性

据新疆植物检疫站对枯萎病和黄萎病鉴定结果为感病。

(五)适宜范围及栽培技术要点

1. 适宜范围 该品种适宜新疆南疆和北疆地区的早中熟宜棉区无病田或轻病田种植。

2. 栽培技术要点 播种期均在4月上中旬;每667平方米种植密度一般为1.1万～1.2万株,每667平方米收获株数为0.9万～1.0万株;重施有机肥;全程化学调控,全生育期一般化学调控4～5次,2～3片真叶时微控,6～8片真叶时轻控,初花期时加量控,打顶前重控。一般全生育期灌水3次。播前需药剂拌种,防治苗期地下害虫;作物生长期间,采取隐蔽施药,保护利用天敌。北疆地区7月5～10日打顶,南疆地区7月10～15日打顶。

十三、新彩棉5号(棕絮)

新彩棉5号(原代号棕204-1)由新疆天然彩色棉花研究所1998年以新陆早7号为母本,棕9802为父本进行杂交,并对其后代进行连续自交提纯、定向选择,结合多年的南繁北育选育而成。2004年通过新疆维吾尔自治区农作物品种审定委员会审定并命名。

(一)特征特性

从出苗到吐絮为139天左右,属中早熟类型品种。株高61厘米,植株较紧凑,主茎粗壮,叶枝较少,第一果枝平均着生节位4.5节,Ⅱ型果枝,叶偏掌状,裂口较浅,叶片中等大小,发叶量适中。铃为长卵形,4～5室,铃重4.7～5.0克,絮色棕而透红,吐絮集中。衣分36.3%,衣指5.3克、子指9.78克,短绒、棕色。

(二)纤维品质

据农业部棉花纤维品质监督检验测试中心 HVI900 对区域试验棉样检测，结果显示(HVICC 标准)：上半部平均长度 26.9 毫米，比强度 22.6 厘牛顿/特克斯，马克隆值 3.4，整齐度 81.6%，伸长率 8.3%。

(三)产量表现

该品种丰产性好，大面积每 667 平方米平均籽棉产量 302.6 千克，皮棉产量 114.0 千克，霜前皮棉产量 97.4 千克。

(四)抗 病 性

经新疆植物保护站在南疆和北疆人工病圃进行了抗枯萎病、黄萎病鉴定(在生育期发病高峰时鉴定)，该品种高抗枯萎病和黄萎病，是彩色棉新品种选育研究中一份难得的“双抗”材料。

(五)适宜范围及栽培技术要点

1. 适宜范围 该品种适宜新疆南疆和北疆地区的早中熟宜棉区种植。

2. 栽培技术要点 南疆 4 月上中旬，北疆 4 月中下旬；每 667 平方米种植密度一般为 1.1 万～1.3 万株，每 667 平方米收获株数为 1.0 万～1.2 万株；播前用除草剂封闭土壤，全生育期要早、勤、深中耕；重施有机肥。实行全程化学调控，坚持“早、轻、勤”原则，全生育期一般化学调控 4～5 次，2～3 片真叶时微控，5～6 片真叶时轻控，初花期时加量控，打顶后重控。该品种较耐旱，一般灌 3～4 水，头水要及时，第二水要紧跟，第三水、第四水保证田间湿润，8 月下旬停水。播前需药剂拌种，防治苗期地下害虫；作物生长期间，采取隐蔽施药，保护利用天敌，以虫治虫。南疆地区 7 月 15～20 日打顶，北疆地区 7 月 10 日打顶。

十四、新彩棉 6 号(棕絮)

新彩棉 6 号(原品系代号棕 330)是由新疆天然彩色棉花研究所于 1997 年选用早熟优质新陆早 6 号为母本,又选用抗病性较好、高产的彩色棉优良选系"棕 2"为父本,配制杂交组合,并对其后代分离群体进行多年的南繁北育、定向选择,结合系谱提纯和自交纯合选育而成的。2005 年通过新疆维吾尔自治区农作物品种审定委员会审定并命名。

(一)特征特性

全生育期 131.5 天。植株筒型,清秀,株型较紧凑,Ⅱ型果枝,茎秆粗壮,茸毛较多,根系发达,整个生育期整齐度较好,株高 55.1 厘米;第一果枝节位 4.3 节,果枝数 9.4 台;叶片中等偏大、平展、深绿色;铃中等,长卵圆形,4～5 室,单铃重 5.4 克;絮色为棕色,早熟,吐絮畅而集中;衣分 38.8%,霜前花率 88.8%,子指 10.7 克。

(二)纤维品质

据农业部棉花纤维品质监督检验测试中心 HVI900 对区域试验棉样检测,结果显示(HVICC 标准):上半部平均长度 28 毫米,整齐度 82.4%,比强度 29.0 厘牛顿/特克斯,伸长率 7.2%,马克隆值 3.9,反射率 75.4%,黄度为 7.0,纺纱均匀性指数 112.4。

(三)产量表现

该品种丰产性好,每 667 平方米平均皮棉产量 93.5 千克,其增产优势和产量水平已接近杂交棉品种,是目前彩色棉品种中衣分最高的一个品种。

(四)抗 病 性

经新疆植物保护站抗病性鉴定,该品种在花铃期高抗枯萎病，在现有彩色棉育种材料中是一份难得的抗病材料。

(五)适宜范围及栽培技术要点

1. 适宜范围　该品种适宜新疆南疆和北疆地区的早中熟宜棉区种植。

2. 栽培技术要点　最佳播期为4月上中旬；每667平方米一般种植1.1万～1.3万株，每667平方米收获株数为1.0万株左右；重施有机肥；化学调控坚持“前轻后重、少量多次、点片化学调控与全程化学调控相结合”原则。田间管理突出“三早”，即适期早播、早定苗、早追肥。见花灌头水，第二水要紧跟，第三水要适量，第四水看需求。坚持保护天敌，以生物防治为主，化学防治为辅。适宜打顶时间，南疆7月15～20日，北疆7月5～10日。

十五、新彩棉7号(绿絮)

新彩棉7号(原品系代号绿402)是由新疆天然彩色棉花研究所于1997年选用抗病优质材料“K202”为母本，又选用早熟、高产的彩色棉优良选系“绿2”为父本，配制杂交组合，并对其后代分离群体进行多年的南繁北育、定向选择，结合系谱提纯和自交纯合选育而成的。2005年通过新疆维吾尔自治区农作物品种审定委员会审定并命名。

(一)特征特性

全生育期为131天，植株筒型，Ⅱ型果枝，植株紧凑，茎秆粗壮，茸毛较多，叶片中等，叶色较深，发叶量中等，铃为卵圆形，有较明显的铃尖，絮色为绿絮、较深。株高57.1厘米，第一果枝着生节位4.3节，果枝数为10.4台，单株结铃数5.9个，单铃重4.1克，子指9.5，霜前花率89.3%，衣分26.8%。

(二)纤维品质

经农业部棉花纤维品质监督检验测试中心 2003～2004 两年检测，测试结果(HVICC 标准)，上半部平均长度为 26 毫米，整齐度 81.5%，比强度 19 厘牛顿/特克斯，伸长率 8.5%，马克隆值 2.7。

(三)产量表现

该品种丰产性好，平均 667 平方米皮棉产量 65 千克，是目前绿色棉中衣分最高的一个品种。

(四)抗 病 性

经新疆植物保护站抗病性鉴定，该品种在花铃期高抗枯萎病和黄萎病，在现有彩色棉育种材料中是一份难得的抗病材料。

(五)适宜范围及栽培技术要点

1. 适宜范围 该品种适宜新疆南疆和北疆地区的早中熟宜棉区种植。

2. 栽培技术要点 最佳播期为 4 月上中旬，每 667 平方米种植密度一般为 1.1 万～1.3 万株，每 667 平方米收获株数为 1.0 万株左右；重施有机肥；化学调控应坚持前轻后重，少量多次，点片化学调控与全程化学调控相结合；田间管理突出"三早"，即适期早播、早定苗、早追肥。见花灌头水，第二水要紧跟，第三水要适量，第四水看需求。坚持保护天敌，以生物防治为主，化学防治为辅。适宜打顶时间，南疆 7 月 15～20 日，北疆为 7 月 5～10 日。

十六、新彩棉 8 号(绿絮)

新彩棉 8 号(原代号垦绿 1 号)，是由新疆农垦科学院棉花研究所于 1999 年从引进的一批种质资源中系统选育出的优异单株，经定向培育南繁加代选育而成。2003～2004年参加新疆维吾尔自治区彩色棉品种区域试验，并进行生产试验。2005年通过新疆维吾尔自治区农作物品种审定委员会审定并命名。

（一）特征特性

全生育期135天，属早熟陆地棉。絮绿色，色纯正；植株筒型，Ⅰ—Ⅱ式果枝，株型较紧凑；叶片中等大小，暗绿色；茎秆粗壮、茸毛多；铃中等、卵圆形，吐絮畅而集中，易摘花，结铃性强，丰产性好。果枝始节位4.7节，果枝数9.4台，单株结铃5.7个，铃重4.2克，子指8.7克，霜前花率76.7%，衣分28.8%。整个生育期生长较稳健，生育后期不易早衰。

（二）纤维品质

经农业部棉花纤维品质监督检验检测中心测试（HVICC标准），结果显示：2.5%跨长26.1毫米，整齐度80%，比强度20.4厘牛顿/特克斯，伸长率7.5%，马克隆值2.4，反射率78.6%，黄度为7.5，纺纱均匀性指数105.5。

（三）产量表现

新疆彩色棉区域试验，2002年籽棉、皮棉、霜前皮棉每667平方米产量分别为204.0千克、52.2千克和44.5千克，分别比新彩棉3号增产33.7%、24.59%、30%，均居绿色棉第一位，霜前花率83.3%。2003年籽棉、皮棉、霜前皮棉667平方米产量分别为181.0千克、52.6千克、43.1千克，分别为对照新彩棉3号的113.5%，126.1%，163.5%，霜前花率76.7%。

（四）抗 病 性

高抗枯萎病，耐黄萎病。

(五)适宜范围及栽培技术要点

1. 适宜范围 该品种适宜新疆南疆和北疆地区的早中熟宜棉区种植。

2. 栽培技术要点 一般4月中旬播种,地膜覆盖,早播早发促壮苗。该品种较紧凑,可根据土壤肥力适当密植,每667平方米保苗株数控制在1.2万~1.5万株。施足基肥,重施花铃肥。生育期滴灌8~10次,每667平方米灌水量200~220立方米,8月中旬停水,防贪青晚熟。生育期化学调控3~5次,每667平方米苗期用缩节胺0.3克,现蕾期1克,初花期3克,盛花期酌情喷施5~10克。7月中旬适时打顶,打顶过早易早衰。

十七、新彩棉9号(棕絮)

新彩棉9号(原代号彩杂-1)是由新疆天然彩色棉花研究所于1998年利用棉花三系配套技术,以白棉H型雄性不育系为母本,以彩色棉新品系彩174为父本,进行杂交,再经过多次南繁北育,连续回交7次,转育出彩色棉雄性不育系6H,再与海岛型恢复系海R1535配制杂交组合,选育出优势杂交组合彩杂-1。2004~2005年参加新疆天然彩色棉花品种区域试验和生产试验。2006年通过新疆维吾尔自治区农作物品种审定委员会审定并命名。

(一)特征特性

全生育期为126天。植株较松散,株高77.5~85.0厘米。主茎粗壮,植株筒型,Ⅲ式果枝。第一果枝着生节位4.0节,着生高度9.8厘米。平均果枝数为9.2台。叶片中等大小,叶色深绿,叶缺刻较深,叶量适中。花冠较大,棉铃卵圆形,叶柄茸毛较少。长势极强,吐絮早、畅而集中。单铃重

4.5 克，子指 12.6 克，衣分 31.3%，霜前花率 97.5%。丰产性和稳产性突出，品质优良。抗病性好。

(二)纤维品质

经农业部棉花纤维品质监督检验测试中心测定，2004～2005 年纤维品质两年平均（HVICC 标准）：上半部平均长度 30.7 毫米，整齐度 84.0%，比强度 33.9 厘牛顿/特克斯，伸长率 7.8%，马克隆值 3.6。是所有参试品种中品质最优的一个。

(三)产量表现

2004～2005 年连续两年参加新疆彩色棉品种区域试验，两年产量汇总，平均 667 平方米产籽棉、皮棉、霜前皮棉分别为 310.2 千克、97.0 千克和 88.1 千克，为对照新彩棉 1 号的 135.7%、125.3%和 129.0%，三项均位居参试品种(系)的第一位，增产优势明显。2005 年参加新疆彩色棉品种生产试验，平均每 667 平方米籽棉、皮棉、霜前皮棉产量分别为 297.6 千克、92.5 千克和 89.9 千克，分别为对照新彩色棉 1 号的 116.1%、107.45%和 106.77%，产量全部位于参试品种的第一位。

(四)抗 病 性

2005 年经新疆植物保护站按全国统一病情指数标准分别在南疆和北疆棉花枯萎病和黄萎病圃进行抗病性鉴定，在发病高峰期对枯萎病免疫，病情指数为 0；对黄萎病表现为耐病，病情指数为 29.5。

(五)适宜范围及栽培技术要点

1. 适宜范围 该品种适宜新疆南疆和北疆地区的早中熟宜棉区种植。

2. 栽培技术要点 南疆 4 月上中旬播种，北疆 4 月中旬播种;每667平方米种植密度一般为0.7万～0.75万株,每667平方米收获株数0.65万～0.70万株。播前用除草剂封闭土壤,早中耕、勤中耕、深中耕。重施有机肥,施肥原则把握"施足基肥、稳施蕾肥、重施花铃肥、补施盖顶肥"。全生育期灌水3～4次。实行点片化学调控与全程化学调控相结合的技术措施。生育期一般化学调控4～5次,2～3片真叶时微控,5～6片真叶时轻控,初花、盛花期加量控,打顶后一星期重控。播前需药剂拌种,防治苗期地下害虫;作物生长期间,采取隐蔽施药、保护天敌、以虫治虫的综合防治方法。南疆7月15～20日打顶,北疆7月10日左右打顶。

十八、新彩棉10号(棕絮)

新彩棉10号(原代号石彩3)是新疆石河子棉花研究所于1999年以抗病、早熟、丰产、优质的中国农业科学院棉花研究所品系394为母本,引进深棕絮材黄绒棉为父本进行杂交,经病圃强化选择、定向培育而成。2004～2005年参加新疆彩色棉区域试验。2005年进行生产示范。2006年2月通过新疆维吾尔自治区农作物品种审定委员会审定,并命名为新彩棉10号。

(一)特征特性

该品种属陆地棉早熟类型,生育期124天,霜前花率90%左右。植株塔型,株型较松散,Ⅰ—Ⅱ型果枝。茎秆粗壮,浅紫色。真叶为普通叶形,五裂片,裂口稍深,叶片中等大小,厚实,叶色深绿。棉铃呈卵圆形,棉铃腺体较多,铃嘴呈尖直。絮棕色。铃重4.1克,衣分34.1%,子指10.8克。出苗好,前期长势强,后期长势稳健,早熟不早衰,吐絮畅且集中,含絮力适中,易采摘。对冷害、蚜虫有一定抗、耐性。

(二)纤维品质

2004～2005 年区域试验棉样经农业部棉花纤维品质监督检验测试中心测定，结果显示(HVICC 标准水平)：上半部平均长度 28.18 毫米，整齐度 82.53%，比强度 25.8 厘牛顿/特克斯，伸长率 6.9%，马克隆值 3.8。

(三)产量性状

2004～2005 年新疆彩色棉区域试验结果：每 667 平方米籽棉、皮棉、霜前皮棉的产量分别为 262.6 千克、89.5 千克和 81.8 千克，分别较对照新彩棉 1 号增产 15.1%、15.6%、19.9%。2005 年生产试验结果：每 667 平方米籽棉、皮棉、霜前皮棉的产量分别为 266.6 千克、90.5 千克和 88.6 千克分别较对照增产 4.0%、5.1%和 5.3%。

(四)抗 病 性

2005 年区域试验抗病鉴定结果：黄萎病发病高峰期病情指数 29.9，枯萎病发病高峰期病情指数 2.9，属高抗枯萎病、耐黄萎病类型。

(五)适宜范围及栽培技术要点

1. 适宜范围 该品种适宜新疆北疆棉区和南疆的早熟棉种植区。

2. 栽培技术要点 适宜播期为 4 月 10～15 日，保苗密度每 667 平方米为 1.2 万～1.3 万株。总施化肥量 120～140 个标准肥料，随翻耕施入 70%以上氮肥和全部磷肥，剩余氮肥和全部钾肥于头水和第二水前追施。全生育期浇水 4～5 次(含播前浇)，总浇水量每 667 平方米 300 立方米，8 上旬停水。全生育期用缩节胺化学调控 4～5 次，1～2 叶期微调，现蕾期轻调，头水和第二水适量调，打顶后重调。采用综合防治措施防治蚜虫、棉叶螨等。打顶宜在 7 月 5 日前完成，株高控制在 65 厘米以下。

十九、陇绿棉 2 号(绿絮)

陇绿棉 2 号是甘肃省农业科学院经济作物研究所 1996 年以绿色棉新品系 UG-05-1 为母本,以高产、抗病、优质、早熟的白色棉优良品系 88-01 为父本杂交、回交,并通过南繁加代和连续选择,选育而成的绿色棉新品种。1999 年选出性状稳定的株系,2000～2002 年进行新品系鉴定、品比、区域试验及生产试验。2003 年通过甘肃省农作物品种审定委员会审定并定名。

(一)特征特性

生育期 126 天。株高 60 厘米左右,株型紧凑,I 式果枝。叶片大小适中,叶色深绿、结铃性强,铃卵圆形,铃重 4.5 克。衣分 24.8%。纤维绿色,色彩均匀。高抗枯萎病,抗黄萎病,是国内第一个绿色棉双抗品种。

(二)纤维品质

经农业部棉花纤维品质监督检验测试中心测定(HVICC 标准)结果显示:该品种 2.5%跨长 27.1 毫米,比强度 21.6 厘牛顿/特克斯,马克隆值 2.8,整齐度 47.8%。

(三)产量表现

1999～2002 年 18 个点次试验结果,平均每 667 平方米皮棉产量为 73.1 千克,较对照陇绿棉 1 号增产 21.9%;2003～2004 年在敦煌植棉区大面积生产田中,40%的棉田每 667 平方米平均产量为 80.7 千克,最高达 85.0 千克。

(四)抗病性

2002 年经甘肃农业大学植保系鉴定,枯萎病情指数 2.6,黄萎病情指数 12.1,高抗枯萎病,抗黄萎病。

(五)适宜范围及栽培技术要点

1. 适宜范围 该品种适宜甘肃省敦煌、安西、金塔植棉区及气候条件类似的新疆棉区种植。

2. 栽培技术要点 甘肃省植棉区适宜播期为4月上中旬,应用1.4米宽膜4行高密度地膜覆盖宽窄行种植,行距30～35厘米,株距15厘米,每667平方米宜种植1.2万～1.3万株。因西北内陆棉区无霜期短,陇绿棉2号生长旺盛,因此,搞好化学调控非常重要,一般每667平方米现蕾盛期叶面喷施水剂型助壮素10毫升,头水前继续喷施水剂型助壮素13.3毫升,第二次灌水前根据棉田长势喷施水剂型助壮素5～10毫升。7月15日左右打顶尖控制生长。

第七节 黄河流域棉区彩色棉栽培技术

一、华北平原一熟制彩色棉栽培技术

华北平原亚区包括河北省大部、山东全省及河南省的北部地区。本区一熟棉田主要分布在河北省黑龙港地区、山东省的西北地区和滨海盐碱地及河南北部地区。

(一)目标产量、产量结构及生育进程

1. 目标产量 棕色棉每667平方米产皮棉80千克,霜前花率85%以上。

2. 产量结构 中等地力棉田,每667平方米种植密度3 500～4 000株,果枝数13～14台,单株成铃14.5～16.6个,每667平方米成铃数5.8万个以上,平均铃重4.3克,衣分31%～33%。要求三桃(伏前桃、伏桃、秋桃,下同)齐结,以伏前桃为基础,伏桃为主体,秋桃为补充,三桃比例以

1∶7∶2左右为宜。

3. 生育进程 地膜覆盖棉花：播种期 4 月中旬，出苗期 4 月下旬，现蕾期 6 月上旬，开花期 7 月上旬，吐絮期 8 月底。露地栽培棉花：播种期 4 月 15～25 日，出苗期 4 月底至 5 月初，现蕾期 6 月 10 日左右，开花期 7 月 10 日左右，吐絮期 9 月上旬。

(二)配套栽培技术

1. 播前准备

(1)灌水造墒与整地 秋、冬耕地有利于熟化土壤、改善土壤结构、提高土壤肥力、增强土壤的蓄水力和通透性；还可消灭越冬虫蛹、病原菌，减轻病虫危害。秋、冬耕地的时间越早越好，可在棉花收获完后立即进行，以增加土壤风化的时间，接纳较多的雨雪水。秋、冬耕棉田应在早春土壤表层刚化冻时，进行“顶凌”耙地，以利保墒。进行秋、冬耕的棉田，尽可能进行冬灌，冬灌可以蓄水保墒，利用冻融交替，使耕层土壤松碎踏实。冬灌的时间应掌握在夜冻日消时。

未进行冬灌，或虽进行冬灌，墒情不足的棉田，应在棉花播前 10～15 天灌足底墒水。秋、冬未耕或耕时未施基肥的棉田，应进行早春耕，耕后及时耙耢保墒。

(2)施足基肥 棉田基肥可以结合冬耕或春耕进行，每 667 平方米施优质农家肥 2 000～3 000 千克或腐熟饼肥 50 千克左右。地膜覆盖时棉花基肥施入量占氮肥施用总量的 40%左右，即尿素 10～12 千克；露地直播时棉花基肥中氮肥施用量占全生育期施肥总量的 50%左右，即尿素 13～15 千克。磷肥全部基施，即每 667 平方米过磷酸钙 50～67 千克；钾肥全部基施(硫酸钾 10～14 千克)，也可基施和蕾期追施各半(硫酸钾 5～7 千克)；对于严重缺硼和锌的棉田，可基施硼砂 0.5～1 千克，硫酸锌 1～2 千克。

(3)种子准备　精加工包衣种子条播每 667 平方米播种量为 3.0 千克左右，穴播每 667 平方米播种量为 2.0 千克左右。如使用未脱绒的种子，每 667 平方米增加 1.0 千克，宜选用 70%高巧(0.4%～0.5%)或 10%吡丹(0.4%～0.5%)处理种子，或用 72%的萎福吡干粉拌种防治苗期病害和苗蚜。

2. 播种保苗

(1)化学除草　结合整地，每 667 平方米用氟乐灵或乙草胺 100～120 克，加水 40 升，边喷边耙，使药剂与土壤均匀混合，以提高除草效果，防止药害。

(2)适期播种　露地直播棉花播种适期为 5 厘米地温稳定通过 14℃以上，适宜的播种期为 4 月 15～20 日；地膜覆盖棉花播种适期为露地 5 厘米地温稳定通过 12℃以上(此时膜下 5 厘米地温可稳定通过 14℃以上)，气候正常年份多在 4 月中旬初，适宜播种期为 4 月 10～15 日，比露地直播棉花提前 5～7 天。

(3)密度与行株距配置　露地栽培棉花密度为每 667 平方米 4 000 株左右，地膜覆盖棉花密度为每 667 平方米 3 500 株左右；采用 90 厘米和 50 厘米的宽窄行配置，或 80 厘米的等行距配置；根据密度和行距确定株距。

(4)查苗补种或移栽　在棉花陆续出土阶段，进行检查，发现缺苗，采取催芽补种；当齐苗时，发现缺苗，采用芽苗(已露胚根的种子)补种；苗龄达到 1 片真叶以上时，采用带土移栽补苗。

3. 苗期管理

(1)适时放苗　地膜覆盖棉花，当棉苗出土后，子叶由黄变绿，并且顶住膜面时，趁晴朗无风天抓紧放苗，切勿在寒流大风天气放苗，遇晴天高温时要及时放苗，防止高温烧苗。放苗后，随即用土封严膜孔。

(2)间苗、定苗　棉花苗出齐后，即开始间苗，每穴留 2～3 株健苗；2 片真叶时开始定苗，3 叶时定完。在地下害虫多的年份和地区，应先治虫，后间苗、定苗，并适当推迟间苗、定苗的时间。间苗、定苗所拔掉的棉苗，要带出田外，以减少病虫的传播。

(3)中耕松土　棉花苗期中耕松土，可以疏松土壤，破除板结，提高地温，调节土壤水分，消灭杂草，减少病虫害，是促进棉苗发根、壮苗、早发的关键措施。

(4)病虫害防治　对于苗期病害，主要是加强中耕松土提高地温防治。苗期虫害主要有棉蚜、地老虎、棉叶螨和棉蓟马等，棉蚜和棉蓟马可用有机磷农药防治；地老虎可用敌百虫喷洒麦麸或炒香的饼粕做成的毒饵进行防治；棉叶螨可用克螨特或尼索朗或三氯杀螨醇等杀螨剂防治。

4. 蕾期管理

(1)稳施蕾肥　基施一半钾肥的棉田，可在蕾期将剩下的一半钾肥(硫酸钾 5～7 千克)在棉行一侧开沟施入或在株间穴施；地力好基肥足的棉田，为了防止棉花旺长，蕾期一般不追施氮素；地力差，长势弱的棉田，每 667 平方米可追施尿素 5 千克左右。

中度或轻度缺硼、锌的棉田，在棉花现蕾期喷施 0.2%的硼砂水溶液和 0.1%～0.2%的硫酸锌水溶液，每 667 平方米用液量 30～40 升。

(2)去叶枝　为促进主茎和果枝的生长，当第一果枝明显出生后，及时打掉果枝以下叶枝，保留全部真叶。

(3)适时浇水　棉花蕾期仍以营养生长占优势，既要防止营养生长过旺，又要避免由于受旱而使营养生长受阻，导致棉蕾大量脱落。应看天、看地、看苗适时浇水。地力较高，墒情较好，主茎生长速度不减慢，棉秆红茎高度少于2/3，可不浇水；如果墒情差，红茎高度超过2/3，叶色深绿发暗，就要开始浇水。

(4)中耕培土　棉花蕾期根系发育迅速，必须加强中耕，促进根系深扎。

(5)化学调控　对于肥力高，棉株长势明显偏旺的棉田，蕾期可每667平方米使用缩节胺0.5克，对水15～20升均匀喷洒棉株顶部。长势较稳健或偏弱的棉田，蕾期可不使用缩节胺。

(6)防治虫害　重点防治棉蚜、盲椿象、玉米螟和棉叶螨等害虫。

5. 花铃期管理

(1)适时揭膜　6月下旬以后，地膜覆盖棉花进入盛蕾初花期，这时日平均气温已达25℃以上，并且雨季即将来临，地膜的增温保墒作用已不明显，同时也为了便于后期管理，应及时揭膜。

(2)中耕培土　为了便于棉田中后期灌水排水，促进根系下扎，防止后期倒伏，在初花前结合中耕培土护根。

(3)重施花铃肥　地膜覆盖棉花揭膜后，随即结合中耕开沟追肥，此次追施氮肥占全生育期氮肥总量的40%左右，即每667平方米用尿素10～12千克；为防止出现早衰现象，在7月底或8月初盛花期每667平方米再追施氮肥5～6千克。露地直播棉花在初花期追肥，追肥数量应占全生育期总氮量的50%左右，即每667平方米施用尿素13～15千克。

缺硼、锌的棉田，在棉花初花期和盛花期各喷施0.2%的硼砂水溶液和0.1%～0.2%的硫酸锌水溶液1次，用液量分别为40～50升和50～60升。

花铃后期对有早衰现象的棉花，叶面喷施2%尿素溶液，对长势偏旺的棉花，可喷施0.3%～0.5%磷酸二氢钾溶液，每次每667平方米用液量50～75升。根外追肥一般在8月中旬开始，至9月初结束，根据棉花长势连续喷施2～3次。

(4)浇水、排水　棉花进入盛花期，既不抗旱，也不耐涝。这段期间遇旱要及时浇水；遇大雨要及时排涝。

(5)化学调控　初花期(大约在6月底至7月中旬初)，每667平方米可用缩节胺2～3克对水25～30升喷洒棉株顶部；7月下旬盛花期每667平方米用缩节胺3～4克对水40～50升喷洒棉株顶部，控制棉株生长和无效花蕾。

(6)适时打顶心，去边心　打顶心应掌握"时到不等枝，枝到看长势"的原则，一般丰产棉花7月15～20日打顶；个别发育晚、长势强的棉花，为了充分利用有效结铃期，打顶时间也不宜晚于7月25日；打顶的办法是打下1叶1心，1块棉田要一次打完。对于采用简化栽培棉田(留叶枝)，在打顶的同时应打去叶枝顶心。8月10日后棉株的蕾已属无效，为了使棉株养分集中供应现有的铃，增加铃重，8月10日前后可人工打边心或用缩节胺控制无效花蕾发育，保证9月初断花。

(7)防治虫害　重点防治伏蚜和蓟马，气候干旱年份还应注意对棉叶螨的防治；同时由于抗虫品种后期对棉铃虫的抗性减弱，当棉铃虫发生较重时，也应注意及时防治。

6. 吐絮期管理及收花

(1)坚持浇水　初絮期只有少部分棉铃吐絮，大部分棉铃正在充实，还有一些幼铃正值膨大体积，这是增结秋桃、增加铃重、提高品质的关键时期，若遇旱必须坚持浇水，以防止早衰，延长叶片功能。但浇水量不宜过大，浇水时间不宜过晚，以免造成贪青晚熟。

(2)合理整枝，促早熟防烂铃　在棉花吐絮阶段，对于后期长势足的棉田，应及时打去上部果枝的边心和无效花蕾，促使养分集中供应棉桃，促进早熟；对荫蔽棉田，要及时打去棉株下部主茎老叶和空果枝，改善棉田通风透光条件，防止烂铃。

(3)及时采摘老熟桃　若在初絮阶段阴雨连绵，早发棉田会出现烂铃，为减少损失，应及时把铃期 40 天以上的棉铃提前摘出，用 0.5%～1.0%浓度的乙烯利原液浸泡后晾晒，就可以得到正常的吐絮铃。

(4)及时采收，保证质量　棉铃开裂后 5～7 天，应及时采收，以保证籽棉质量；对于不同等级的籽棉要分收、分晒、分轧、分存、分售，在上述各过程中要严防异性纤维的混入。

二、华北平原麦棉两熟制彩色棉栽培技术

(一)目标产量、产量结构及生育进程

1. 目标产量　棕色棉每 667 平方米产皮棉 75 千克，霜前花率 80%以上。

2. 产量结构　中等地力棉田，每 667 平方米种植3 500～4 000 株，果枝数 13～14 个，单株成铃 14.6～16.7 个，每 667 平方米铃数 5.86 万个以上，平均铃重 4.0 克，衣分 31%～33%。要求三桃齐结，以伏前桃为基础，伏桃为主体，秋桃为补充，三桃比例以 1∶7∶2 左右为宜。

3. 生育进程　地膜覆盖的棉田，播种期 4 月 15 日左右，出苗期 4 月下旬，现蕾期 6 月上旬，开花期 7 月上旬，吐絮期 8 月底。露地栽培棉花，播种期 4 月 20 日左右，出苗期 4 月

底至5月初，现蕾期6月10日左右，开花期7月10日左右，吐絮期9月上旬。

（二）配套栽培技术

1. 选择适宜的麦棉套种方式

确定适宜的麦棉套种方式的原则是有利于发挥麦棉的边行优势；便于地膜覆盖和田间管理；协调麦棉间的生育关系，缓和共生期间的矛盾；以棉为主，有利于麦棉双丰收，增加单位面积上的总效益。要求麦棉行距要适宜，棉行空当要留足，麦棉间距要放开。生产上的麦棉套种方式主要有3—1式、3—2式、4—2式、5—2式和6—2式，从生态效应和总体经济效益分析，以3—2式和4—2式为佳。

3—2式套种方式：带宽1.5米，年前秋种3行小麦，小麦行距20厘米；预留棉行空当1.1米，翌年春季套种2行棉花，麦棉间距30厘米；小麦收割后，棉花形成1.0米和50厘米的宽窄行。此种方式是以棉花为主的方式，较有利于棉花的生长发育，也有利于棉花的密植栽培，小麦产量相当于满幅播种的65%左右，棉花产量相当于一熟棉田的80%～90%。

4—2式套种方式：带宽1.6米，年前秋种4行小麦，小麦行距16.7厘米；预留棉行空当1.1米，翌年春季套种2行棉花，麦棉间距30厘米；小麦收割后，棉花形成1.1米和50厘米的宽窄行。此种方式，小麦产量相当于满幅播种的75%左右，棉花产量相当于一熟棉田的80%左右。

2. 采用高低垄种植

在麦播前，按计划套种方式，做成高垄低畦，垄高13～16厘米，小麦播在低畦里，翌年春季棉花种在高垄上。麦棉共生期间，小麦需水多，棉花怕水淹，采用高低垄种植后，可达到明浇小麦、暗洇棉花，协调了麦棉供水矛盾，又由于相对抬高了棉苗的高度，增加了光照，提高了地温，有利于壮苗早发。高低垄种植与平作相比，棉花一般增产10%左右，霜前花率提高15个百分点。

3. 播前准备

(1)蓄水保墒与整地　播麦时，按计划播带用犁做成高垄供低畦，冬季接纳雨雪，风化土壤，埂中保墒。翌年早春在垄埂集中施肥整地，耙耘保墒。因小麦耗水量大，为保证棉花播种时有足够的墒情，一般还需在棉花播种前10天左右结合小麦春灌，明浇小麦暗洇棉垄，保持水不漫垄面，然后耙松土壤，整平棉行。

(2)施足基肥　棉田基肥可以在冬耕或春耕前进行，每667平方米施用优质农家肥2 000～3 000千克或腐熟饼肥50千克左右。地膜覆盖棉花基肥中氮肥施入量占氮肥施用总量的40%左右，即尿素10～12千克；露地直播棉花基肥中氮肥施用量占氮肥施入总量的50%左右，即尿素13～15千克。磷肥全部基施，即每667平方米施过磷酸钙50～67千克；钾肥全部基施(硫酸钾10～14千克)，也可基施和蕾期追施各半(硫酸钾5～7千克)；对于严重缺硼和锌的棉田，基施硼砂0.5～1千克，硫酸锌1～2千克。

(3)扶理小麦　前茬小麦如有倒伏趋势或已倒伏的要在棉花播种前进行扶理，以改善棉行的通风透光条件，有利于提高地温，促进棉苗早发，也有利于棉花播种、覆膜等作业正常开展。

(4)种子准备　精加工包衣种子每667平方米条播3.0千克左右，穴播每667平方米播种量为2.0千克左右；如使用未脱绒种子，每667平方米增加1.0千克，选用70%高巧(0.4%～0.5%)或10%吡丹(0.4%～0.5%)等处理种子，或用72%的萎福吡干粉拌种防治苗期病害和蚜虫。

4. 播种保苗

(1)适期播种　露地直播棉花播种适期为5厘米深处地温稳定通过14℃以上，适宜的播种期为4月20日左右；地膜覆盖棉花播种适期为露地5厘米深处地温稳定通过12℃以上(此时膜下5厘米地温稳定通过14℃以上)，适宜播种期为4月15日左右。

(2)密度与行株距配置　露地栽培棉花每667平方米种植4 000株左右，地膜覆盖棉花每667平方米种植3 500株左右；按照不同套种规格确定行距；根据密度和行距确定株距。

(3)查苗补种或移栽　在棉花陆续出苗阶段，进行检查，发现缺苗，采取催芽补种；当齐苗时，发现缺苗，采用芽苗(已露胚根的种子)补种；苗龄达到1片真叶以上时，采用带土移栽补苗。

5. 苗期管理

(1)适时放苗　麦棉套种地膜覆盖棉花在适期播种的情况下6～8天出苗，当棉苗出土后，子叶由黄变绿，并且顶住膜面时，趁好天抓紧放苗。切勿在寒流大风天气放苗，遇晴天高温时要及时放苗，防止高温烧苗。放苗后，随即用土封严膜孔。

(2)早间苗、晚定苗　北方麦棉套种棉花在出苗时，常有寒流大风侵袭，气温冷暖多变，并且时有地下害虫为害棉苗，所以应掌握“早间苗、晚定苗”的原则。棉花出齐苗后，即开始间苗，每穴留2～3株健苗；2片真叶时开始定苗，3叶时定完。在地下害虫多的年份和地区，应先治虫，后间苗、定苗，并适当推迟间苗、定苗的时间。间苗、定苗所拔掉的棉苗，要带出田外，以减少病虫的传播。

(3)及时浇水保苗　棉花的苗期正是小麦抽穗、开花、灌浆和成熟阶段，是小麦一生中耗水量最大的时期，麦棉争水矛盾比较突出，往往造成棉垄干旱缺墒。因此，为保证棉苗正常生长，要根据土壤墒情变化，及时结合给小麦浇水保棉苗。但要注意，浇水量不能过大，保持浇麦洇棉花即可，严防淹棉苗、淤地膜，降低地温，导致出现病苗死苗。

(4)松土增温，促苗早发　小麦与棉花套种的田地，春季地温偏低，这是影响棉苗生长的重要原因之一，要加强棉苗四周的松土工作，以疏松土壤、破除板结、提高地温，调节土壤水分，消灭杂草，减少病虫害，促进棉苗发根、壮苗、早发。

(5)病虫害防治　对于苗期病害，主要是加强松土提高地温防治。棉花苗期虫害主要是棉蚜、地老虎、棉蓟马和棉叶螨等，在小麦与棉花套种情况下，由于天敌的控制，棉蚜一般发生较轻，不需防治；棉蓟马可用有机磷农药防治；地老虎可每667平方米用敌百虫喷洒麦麸或炒香的饼粕做成的毒饵进行防治；棉叶螨可用克螨特或尼索朗或三氯杀螨醇等杀螨剂防治。同时也要注意玉米螟的防治。

(6)麦收抓"五快"，促苗生长　小麦一旦成熟，应抓紧时间"快收、快运、快中耕灭茬、快追肥浇水、快治虫"，促进棉苗迅速发棵，搭好丰产架子，以弥补共生期间生长的不足。但要注意追施氮肥量和浇水量不宜过大，以免引起蕾期旺长，一般每667平方米施用尿素5千克左右。

6. 蕾期管理

(1)及时去叶枝　为促进主茎和果枝的生长，当第一果枝明显出生后，及时打掉果枝以下叶枝，保留全部真叶。

(2)稳施蕾肥　基施一半钾肥的棉田，可在蕾期将剩下的一半钾肥(硫酸钾5～7千克)在棉行一侧开沟施入或在株间穴施；地力好基肥足的棉田，为了防止棉花旺长，蕾期一般不追施氮肥；地力差，长势弱的棉田，每 667 平方米施用尿素 5 千克左右。

中度或轻度缺硼、锌的棉田，在棉花现蕾期喷施 0.2%的硼砂水溶液和 0.1%～0.2%的硫酸锌水溶液，每 667 平方米用液量 30～40 升。

(3)适时浇水　棉花蕾期仍以营养生长占优势，既要防止营养生长过旺，又要避免由于受旱而使营养生长受阻，棉蕾大量脱落，应看天、看地、看苗适时浇水。地力较高，墒情较好，主茎生长速度不减慢，棉秆红茎高度少于 2/3，可不浇水；如果墒情差，红茎高度超过 2/3，叶色深绿发暗，就要开始浇水。

(4)中耕松土　棉花蕾期根系发育迅速，为促进根系深扎，要在收麦后中耕灭茬的基础上，进行深中耕 1～2 次。

(5)化学调控　对于肥力高，棉株长势明显偏旺的棉田，每 667 平方米可在蕾期使用缩节胺 0.5 克，加水 15～20 升均匀喷洒于棉株上。长势较稳健或偏弱的棉田，蕾期一般可不使用缩节胺。

(6)防治虫害　重点防治棉蚜、盲椿象、玉米螟和棉叶螨等害虫。

7. 花铃期管理

(1)适时揭膜　6 月下旬以后，与小麦套种，用地膜覆盖的棉花进入盛蕾初花期，这时日平均气温已达 25℃以上，并且雨季即将来临，地膜的增温保墒作用已不明显，应及时揭膜，以便于后期田间管理。揭膜后随即追肥、浇水和中耕培土。

(2)中耕培土　为了便于棉田中后期灌水排水，促进根系下扎，防止后期倒伏，在初花前结合中耕培土护根。

(3)重施花铃肥　地膜覆盖棉花揭膜后，随即结合中耕开沟追肥，此次追施氮肥占全生育期氮肥总量的40%左右，即每667平方米用尿素10～12千克；为防止出现早衰现象，在7月底或8月初盛花期每667平方米再追施氮肥5～6千克。露地直播棉花在初花期追肥，追施氮肥数量应占全生育期总氮肥使用量的50%左右，即每667平方米施用尿素13～15千克。

缺硼、锌的棉田，在棉花初花期和盛花期各喷施0.2%的硼砂水溶液和0.1%～0.2%的硫酸锌水溶液1次，用液量每667平方米分别为40～50升和50～60升。

在花铃后期对有早衰现象的棉花，叶面喷施2%尿素溶液，对长势偏旺的棉花，可喷施0.3%～0.5%磷酸二氢钾溶液，每次每667平方米用液量为50～75升。根外追肥一般在8月中旬开始，至9月初结束，根据棉花长势连续喷施2～3次。

(4)浇水、排水　棉花进入盛花期，既不抗旱，也不耐涝。这段期间遇旱要及时浇水；遇大雨要及时排涝。

(5)化学调控　初花期(大约在6月底至7月中旬初)，每667平方米可用缩节胺2～3克对水25～30升喷施；7月下旬盛花期每667平方米用缩节胺3～4克对水40～50升喷施，控制棉株生长和无效花蕾。

(6)适时打顶心，去边心　①打顶心，应掌握“时到不等枝，枝到看长势”的原则。一般丰产棉花7月15～20日打顶；个别发育晚长势强的棉花，为了充分利用有效蕾，打顶时间也不宜晚于7月25日。打顶的办法是打下1叶带1心，1块棉田要一次打完。对于采用简化栽培管理措施的棉田(留叶枝)，在打顶的同时应打去叶枝顶心。②打边心，8月10日后棉株的蕾已属无效，为了使棉株养分集中供应现有的铃，增加铃重，8月10日前后可人工打边心或用缩节胺控无效花蕾，保证9月初断花。

(7)防治虫害　重点防治伏蚜和蓟马，气候干旱年份还应注意棉叶螨的防治；当棉铃虫发生较重时，也应注意防治。

8. 吐絮期管理及收花

(1)坚持浇水　初絮期只有少部分棉铃吐絮，大部分棉铃正在充实，还有一些幼铃正值膨大体积，这是增结秋桃、增加铃重、提高品质的关键时期，若遇旱必须坚持浇水，以防止早衰，延长叶片功能。但浇水量不宜过大，浇水时间不宜过晚，以免造成贪青晚熟。

(2)合理整枝，促早熟防烂铃　在棉花吐絮阶段，对于后期长势足的棉田，应及时打去上部果枝的边心和无效花蕾，促使养分集中供应棉桃，促进早熟；对荫蔽棉田，要及时打去棉株下部主茎老叶和空果枝，改善棉田通风透光条件，防止烂铃。

(3)及时采摘老熟桃　若在吐絮阶段阴雨连绵，早发棉田易出现烂铃，为减少损失，应及时采摘有烂铃症状的铃期老熟桃。

(4)及时采收，保证质量　棉铃开裂后5～7天，应及时采收，以保证籽棉质量；对于不同等级的籽棉要分收、分晒、分轧、分存、分售，在上述各过程中要严防异性纤维的混入。

三、黄淮平原麦棉两熟制彩色棉栽培技术

黄淮平原棉区位于黄淮海流域棉区南部，主要包括河南东部及东南部，江苏的徐淮地区，安徽北部。本区棉花种植制度以麦棉两熟为主，种植方式主要为移栽地膜覆盖或露地移栽。

(一)产量结构及生育进程

1. 目标产量 棕色棉每667平方米产皮棉85千克，霜前花率85%以上。

2. 产量结构 中等地力棉田，每667平方米种植3 000～3 500株，单株果枝14～15个，单株结铃17～20个，每667平方米铃数6万个，铃重4.5克，衣分32%左右。要求三桃齐结，以伏前桃打基础，伏桃为主体，秋桃为补充，三桃比例以1∶7∶2左右。

3. 生育进程 3月下旬制钵，3月底或4月初播种，4月上旬出苗，5月上旬大田移栽。移栽地膜棉6月上旬现蕾，6月底至7月初开花，8月下旬吐絮；露地移栽棉6月中旬现蕾，7月上中旬开花，9月初吐絮。

(二)配套栽培技术

1. 选择适宜的小麦与棉花套种方式

生产上的小麦与棉花移栽套种方式主要有4—2式、5—2式和6—2式等，从生态效应和麦棉总体经济效益分析，以4—2式为佳。4—2式套种方式：带宽1.6米，年前秋种4行小麦，小麦行距20厘米；预留棉行空当1.0米，翌年春季套种2行棉花，麦棉间距25厘米；小麦收割后，棉花形成1.1米和50厘米的宽窄行。

2. 制钵与播种

(1)苗床准备 选择地势较高、背风向阳、排灌方便、邻近大田的地段建床。秋播时按移栽每667平方米大田需26～30平方米的比例留足苗床。

培肥苗床土壤：每个苗床冬前施入土杂肥100～150千克、人粪尿100～150千克和腐熟饼肥4～5千克，冬翻冻土，春耕晒垡，熟化土壤，达到土熟、细、疏松。3月下旬制钵前，每苗床再施过磷酸钙 1～2 千克、硫酸铵 1～2 千克或棉花苗床专用复合肥 4～5 千克，使肥土充分混匀后制钵。

(2)制钵　用直径 7～8 厘米制钵器制钵，钵土于制钵前 2 天洇足水，钵体土湿度达到手将土握成团、齐胸落地即散。制钵前铺平床底，撒上草木灰及防治地下害虫的农药，边制钵边摆钵，摆钵平整紧密。苗床四周用土培好，并挖好排水沟，然后平铺薄膜，保墒待播，同时备足覆盖棉子的土。制钵数比大田实栽密度增加 50%以上。

(3)苗床播种

①苗床适宜播期　当日平均气温稳定通过 8℃以上，床温达 20℃，即可播种，一般在 3 月底至 4 月初。播种前苗床浇足水，每钵播种 1～2 粒，播后盖土，盖土厚 1.5 厘米，盖土要厚薄一致，并填满钵体空隙。

②苗床化学除草　苗床播种盖土后，用棉花除草剂、壮苗专用药剂——床草净喷于床面，防除苗床杂草和控制棉苗旺长。

③搭棚盖膜　苗床喷施化学除草剂后先用地膜覆盖床面，每隔 80 厘米左右插一竹弓做棚架，棚架中间高度离床面 50～55 厘米，在竹弓上覆膜，盖膜要绷紧，四周用土压实，棚膜用绳固定，以防大风掀膜，最后清理四周排水沟。

3. 苗床管理

(1)保温出苗　播种出苗后，做到保温、保湿、催出苗。一般当出苗率达 80%时抽去床内地膜，继续盖棚膜增温促全苗、齐苗。

(2)控温降湿　齐苗后，先于苗床两头揭膜通风，并抢晴暖天气于上午 9 时至下午 3 时揭膜晒床 1～2 天，降低苗床温度。1 叶 1 心时及时间苗、定苗。

随着气温升高和苗龄增大，采用通风不揭膜方法，逐渐增加或加大苗床两侧的通风口，保持棚内的温度在25℃～30℃之间，最多不超过35℃。当床内温度超过40℃时要加大通风口或揭半膜直至揭全膜，防止温度过高烧苗。遇灾害性天气应随时盖膜。

(3)化学调控促壮　未使用床草净的苗床，棉苗子叶展平时用壮苗素喷洒棉苗，可达到控制旺苗培养壮苗的目的。

(4)防病治虫　齐苗后揭膜晒床时及时防治棉苗炭疽病、叶斑病、褐斑病等；及时防治棉盲蝽、棉蓟马、蚜虫等。移栽前治1遍虫，防止将虫带入大田。

(5)栽前炼苗　棉苗移栽前一周，日夜揭膜炼苗，但薄膜仍需保留在苗床边，做到苗不栽完，膜不离床。

4. 移栽前准备

(1)熟化土壤　预留栽棉空幅冬季深翻冻垡，早春松土，以利于促进根系发育。

(2)扶理前茬　棉花前茬如有倒伏趋势和已倒伏的要在棉花移栽前进行扶理，以改善棉行的通风透光条件，提高土温，促进棉苗早发，同时也有利于棉花移栽时的田间操作。

(3)施足基肥　一般每667平方米施优质农家肥2 000～3 000千克(或腐熟饼肥50千克)、尿素14千克、过磷酸钙67千克、硫酸钾14千克(全部基施)或7千克(基施7千克和蕾期追施7千克)。施肥时间可选在移栽前7～8天结合整地和做畦时施入。

(4)化学除草　移栽后用地膜覆盖栽培的棉田在平整后用棉田除草剂均匀喷洒于土面，喷后覆盖地膜，或直接覆盖含除草剂的地膜。

(5)精细铺膜　带墒铺膜，土壤墒情不够的要补墒后铺膜。大小行种植的棉花地膜铺在小行，一膜盖两行棉花，膜宽比小行大 20 厘米，地膜应紧贴地面，两边压实，防止大风掀膜。

5. 大田移栽

(1)株行距配置　根据不同生态条件、不同种植方式和密度要求、确定适宜的大小行配置方式，再根据密度和行距计算出株距。4—2 式麦棉移栽套种方式棉花小行 50 厘米，大行宽 1.1 米，平均行距 80 厘米。

(2)适期移栽　当气温稳定在 17℃～18℃时即为安全移栽期。移栽地膜棉一般在 5 月 10 日左右开始移栽，5 月 15 日前移栽结束；露地移栽棉一般在 5 月 15 日左右开始移栽，5 月 20 日左右移栽结束。

(3)移栽方法　根据密度和株行距配制要求，定距打孔，孔深略超过钵体高度。苗床起苗时保证钵体完好，覆土时先覆三分之二，浇活棵水然后再覆满土，活棵水宜用稀粪水，移栽宜在晴好天气进行。移栽地膜覆盖的棉田移栽结束后应清理膜面。

6. 苗期和蕾期管理

(1)麦收抓“五快”，促苗生长　小麦一旦成熟，应抓紧时间“快收、快运、快中耕灭茬、快浇水、快治虫”，促进棉苗迅速发棵，搭好丰产架子，以弥补共生期间生长的不足。

(2)及时去叶枝　为促进主茎和果枝的生长，当第一果枝明显出生后，及时打掉果枝以下叶枝，保留全部真叶。

(3)化学调控　对于肥力高，棉株长势明显偏旺的棉田，在蕾期每 667 平方米可以使用缩节胺 0.5 克，对水 15～20 升均匀喷洒棉株。长势较稳健或偏弱的棉田，蕾期一般不使用缩节胺。

(4)蕾期施肥　基施一半钾肥的棉田，可在蕾期将剩下的一半钾肥（硫酸钾 7 千克/667 平方米）在棉行一侧开沟施入；地力好基肥足的棉田，为了防止棉花旺长，蕾期一般不施氮肥；地力差，长势弱的棉田，每 667 平方米施用尿素 5 千克左右。中度或轻度缺硼、锌的棉田，在棉花现蕾期喷施 0.2％的硼砂水溶液和 0.1％～0.2％的硫酸锌水溶液，用液量每 667 平方米为 30～40 升。

(5)适时浇水　棉花蕾期仍以营养生长占优势，既要防止营养生长过旺，又要避免由于受旱而使营养生长受阻，棉蕾大量脱落。墒情较好，主茎生长速度不减慢，可不浇水；如果墒情差，红茎高度超过 2/3，叶色深绿发暗，就要开始浇水。

(6)中耕松土　棉花蕾期根系发育迅速，为促进根系深扎，要在麦收后中耕灭茬的基础上，进行深中耕 1～2 次。

(7)防治虫害　重点防治棉蚜、盲椿象、玉米螟和棉叶螨等害虫。

7. 花铃期管理

(1)适时揭膜　6 月底以后，移栽地膜覆盖棉花进入盛蕾初花期，这时日平均气温已达 25℃以上，并且雨季即将来临，地膜的增温保墒作用已不明显，应及时揭膜，以便于后期田间管理。揭膜后随即追肥、浇水、中耕培土。

(2)中耕培土　为了便于棉田中后期灌水、排水，促进根系下扎，防止后期倒伏、保护根系，在初花前结合中耕培土。

(3)重施花铃肥　早施第一次花铃肥，移栽地膜棉 6 月底 7 月初揭膜并将残膜清除出田外，结合中耕在小行中开沟施用第一次花铃肥；露地移栽棉 7 月上旬在初花期至开花期间施用第一次花铃肥。第一次花铃肥施用量为每 667 平方米用尿素 10 千克左右。第二次花铃肥在 7 月下旬每 667 平方米穴施或沟施尿素 10 千克左右。

缺硼、锌的棉田，在棉花初花期和盛花期各喷施 0.2%的硼砂水溶液和 0.1%～0.2%的硫酸锌水溶液 1 次，用液量每 667 平方米分别为 40～50 升和 50～60 升。

(4)适时打顶、去边心　打顶心：应掌握“时到不等枝，枝到看长势”的原则。一般丰产棉花 7 月 15～20 日打顶；个别发育晚长势强的棉花，为了充分利用有效蕾期，打顶时间也不宜晚于 7 月 25 日。打顶的办法是打下 1 叶带 1 心，1 块棉田要一次打完。对采用简化栽培棉田(留叶枝)，在打顶的同时应打去叶枝顶心。去边心：8 月 10 日后棉株的蕾已属无效，为了使棉株养分集中供应现有的铃，增加铃重，8 月 10 日前后可人工打边心或用缩节胺调控无效花蕾，保证 9 月初断花。

(5)化学调控　初花期，每 667 平方米可用缩节胺 2～3 克对水 25～30 升喷施；7 月下旬盛花期每 667 平方米用缩节胺 3～4 克对水 40～50 升喷施，控制棉株生长和无效花蕾。

(6)根外追肥　在花铃后期对有早衰现象的棉花，叶面喷施 2%尿素溶液，对长势偏旺的棉花，可喷施 0.3%～0.5%磷酸二氢钾溶液，每次每 667 平方米用液量 50～75 升。根外追肥一般在 8 月中旬开始至 9 月上旬结束，根据棉花长势酌情喷 2～3 次。

(7)防治虫害　重点防治伏蚜和棉盲蝽，气候干旱年份还应注意对棉叶螨的防治；本区目前种植的棉花品种以抗虫棉为主，但抗虫棉后期对棉铃虫的抗性减弱，当棉铃虫发生较重时，也应注意防治。

8. 吐絮期管理及收花

(1)防治虫害　9 月上中旬继续做好棉花虫害的防治工作。

(2)乙烯利催熟　晚熟棉田可用乙烯利催熟，使用乙烯利催熟剂必须在铃龄达 40 天以上，使用时气温不低于 20℃，一般在 10 月 15 日左右。使用浓度 1 000 毫克/升上下，即用 40%的乙烯利 125 克对水 50 升叶面喷施。

(3)收花　棉花吐絮后 5～7 天为最佳采摘期，应及时采收。不收雨后花、露水花和开口桃。并按品级分收、分晒、分藏、分售。

(4)控制异性纤维　采摘、包装和出售棉花禁止使用化纤编织袋等非棉布口袋，禁止使用有色线或绳扎口，以防异性纤维混入。

第八节　长江流域棉区彩色棉栽培技术

一、长江上游棉区彩色棉栽培技术

本棉区以四川盆地为主，另外还包括陕西省、鄂西、湘西及黔北一些零星产区。本区彩色棉品种可选用川彩棉 1 号(棕色)和川彩棉 2 号(绿色)。

(一)目标产量、产量结构与生育进程

1. 目标产量　棕色棉每 667 平方米产皮棉 80 千克；绿色棉每 667 平方米产皮棉 65 千克。

2. 产量结构

(1)棕色棉，每 667 平方米种植 3 000～3 500 株，单株成铃 15～18 个，平均铃重 4.2 克以上，衣分 37%，每 667 平方米成铃数 5.2 万个以上，三桃比例 3.5∶5.5∶1，4 级及 4 级以上籽棉所占比例在 85%以上。

(2)绿色棉，每 667 平方米种植 3 000～3 500 株，单株成铃17～20个，平均铃重4.2克以上，衣分30%，每667平方米成铃数6.0万个以上，三桃比例3.5∶5.5∶1，4级及4级以上籽棉所占比例在85%以上。

3. 生育进程 3月下旬至4月初为育苗期；4月中下旬至5月上旬大田移栽；5月15～20日现蕾；6月20日左右为开花期；8月上旬吐絮。

（二）配套栽培技术

1. 田间配置方式

秋季播种小麦时按1.33～1.5米的标准为一带，小麦播幅占40%～50%，以利移栽和地膜覆盖。

2. 制钵与播种

（1）苗床准备 床址选择在地势较高、背风向阳、排灌方便、表土肥沃、便于就近移栽的地段，移栽667平方米大田的苗床面积约需26平方米（宽1.3米，长20米）。

每个苗床冬前施入土杂肥100～150千克、人粪尿100～150千克和腐熟饼肥4～5千克；并在冬前翻土，以熟化土壤，达到土熟、细、疏松；床址四周开挖深沟，以利排水；制钵前再在苗床内施入含氮、磷、钾及微量元素的棉花苗床专用肥4～5千克，并与床土充分混合。

（2）制钵 在播种前1～2天将苗床中的钵土洇足水，调至手握成团、齐胸落地即散，用直径7.0～8.0厘米制钵器制钵，制钵数比大田实栽株数增加50%。

（3）苗床播种

①适期播种 当平均气温稳定通过8℃以上即为安全播种期，一般在3月下旬、4月初播种。播前苗床浇足水，每钵播种种子1～2粒，播后盖土，盖土厚1.5厘米，并填满钵间空隙。

②苗床化学除草　苗床播种盖土后，用棉花除草剂、壮苗专用药剂——床草净喷于床面，防除苗床杂草和控制棉苗旺长。

③搭棚盖膜　苗床喷施化学除草剂后先用地膜盖床面，每隔 80 厘米左右插一竹弓做棚架，棚架中间高度离床面50～55 厘米，在竹弓上覆膜，盖膜要绷紧，四周用土压实，棚膜用绳固定，以防大风掀膜，最后清理四周排水沟。

3. 苗床管理

(1)保温出苗　播种出苗后，做到保温、保湿催出苗。一般当出苗率达到 80％时抽取床内地膜，继续盖棚膜增温促全苗、齐苗。

(2)控温降湿　齐苗后，先于苗床两头揭膜通风，并抢晴暖天气于上午 9 时至下午 3 时揭膜晒床 1～2 天，以降低苗床湿度。1 叶 1 心时及时间苗、定苗。随着气温升高和苗龄增大，采用通风不揭膜的方法，逐渐加大苗床两侧的通风口，保持棚内的温度在 25℃～30℃之间，最多不超过 35℃。当床内温度超过 40℃时要加大通风口或揭半膜然后揭全膜，防止温度过高烧苗。

(3)化学调控促壮苗　未用床草净的苗床，棉苗子叶展平时用壮苗素喷洒棉苗，可达到控制旺苗的目的。

(4)防病治虫　齐苗后揭膜晒床时及时防治棉苗炭疽病、叶斑病、褐斑病等；及时防治棉盲蝽、棉蓟马、蚜虫等。移栽前治一遍虫，防止将虫带入大田。

(5)栽前炼苗　棉苗移栽前 1 周，日夜揭膜炼苗，但薄膜仍需保留在苗床边，做到苗不栽完，膜不离床。

4. 移栽前准备

(1)熟化土壤、扶理前茬　预留栽棉空幅冬季深翻冻垡，早春松土，以利于促进根系发育。棉花前茬如有倒伏趋势和已倒伏的要在棉花移栽前进行扶理，以改善棉株行间的通风透光条件，提高土温，促进棉苗早发，同时也有利于棉花移栽时的田间操作。

(2)施足基肥　棉花全生育期每667平方米施肥总量为氮肥(N)14～18千克、磷肥(P_2O_5)13～16千克、钾肥(K_2O)10～13千克。于移栽前10天每667平方米施优质农家肥3 000千克、氮肥总量的20%、磷肥和钾肥总量的60%，即每667平方米施尿素6～8千克、普通过磷酸钙65～80千克和氯化钾10～13千克。施用方法是预留棉行先行耕作，接着在行中开深沟，将肥土混匀，覆土平整厢面。

5. 大田移栽

根据设计的密度和实际行距确定株距，然后按株距开穴，棉行与小麦边行之间的距离为10厘米，穴深12～15厘米。移栽前每667平方米穴施水粪7.5吨，加尿素1.3～2.7千克，趁穴中水未渗干前将选好的苗带土压入穴中，覆土平整厢面，用1 500倍敌杀死加5%呋喃丹液喷苗脚部土壤，也可加拿捕净等对双子叶作物不产生药害的除草剂。喷药后立即覆盖地膜，覆盖度50%。

6. 苗期和蕾期管理

(1)中耕松土　为破除土壤板结，促进根系深扎，要在收麦后中耕灭茬的基础上，进行深中耕1～2次。

(2)去叶枝　从现蕾开始分次去掉全部叶枝。

(3)化学调控　见蕾期开始化学调控，缩节胺每667平方米第一次用量为0.8～1.0克加水20升，盛蕾期每667平方米1.0～1.5克加水25升，叶面喷洒。

7. 花铃期管理

(1)见花期揭膜、追肥　见花期追施氮肥，施入量占施肥总量的30%,磷、钾肥施入量均为施肥总量的40%,即每667平方米施尿素9～12千克、过磷酸钙43～54千克、氯化钾7～9千克,另加腐熟农家肥1吨和水粪2.5吨。施用方法是,先揭去地膜,在小行中或两侧隔株开穴,深16～20厘米,先将化肥施入穴底,再施农家肥,然后淋水粪,如缺水粪,可补清水,以免烧根。施后覆土至穴深二分之一。

(2)化学调控　分别于见花期和盛花期使用缩节胺2.0～2.5克/667平方米和2～3克/667平方米,每次对水30～40升。

(3)及时打顶、摘边心　及时摘除顶心,每株留果枝12～14台。摘旁心要分次进行,每株留果节50个左右。平均每果枝留4节,上部可适当减少,中部可适当增加1节。

(4)重施保桃肥　保桃肥一般应在单株成铃1个左右时追施,每667平方米施尿素15～20千克,开沟穴施,然后覆土,并结合培土,清理垄沟,以便排灌。

(5)根外追肥　从开花后30日起,每10天左右喷1次叶面宝(5毫升/667平方米),也可用2%尿素和0.3%～0.5%磷酸二氢钾,整个花铃期喷施2～3次。

(6)抗旱、排涝　四川棉区7月下旬至8月中旬常有伏旱,高温干燥常造成蕾铃大量脱落,在有水浇的情况下,提倡沟灌2～3次。如遇大雨,应及时排涝。

8. 吐絮期管理及收花

(1)降低棉田湿度,减少烂铃损失　为减少烂铃,在秋雨来临之前,清理垄沟,预防渍水;打掉空枝老叶,除净杂草,改善田间通透条件。如遇较长时间连绵秋雨可摘除部分老熟棉铃和黑桃,在通风处摊晾至自然裂口。

(2)"五分"收花,防止异性纤维　按好花、黄花进行分拾、分晒、分贮、分售;在收花和贮藏过程中严防异性纤维混入棉花。

二、长江中游棉区彩色棉栽培技术

本棉区包括湖南、湖北两省大部分地区、河南省信阳地区、江西全省和安徽省的淮河以南部分地区。本区适宜种植的彩色棉品种主要有湘彩棉1号(绿色)、湘彩棉2号(棕色)等。

(一)目标产量、产量结构和生育进程

1. 目标产量 棕色棉每667平方米产皮棉85~100千克;绿色棉每667平方米产皮棉80千克。

2. 产量结构 棕色棉,每667平方米种植密度1 600~1 800株,每667平方米成铃数5.1万~6.0万个,平均单铃重4.5克,衣分37%。绿色棉,密度1 600~1 800株,每667平方米成铃数6.4万个,平均单铃重4.2克,衣分30%。

3. 生育进程 洞庭湖地区,苗床播种期4月10~20日,移栽期5月10~20日,现蕾期6月10日左右,开花期7月10日前,吐絮期8月30日前。江汉平原,3月下旬至4月5日苗床播种,4月下旬至5月上旬移栽到大田,6月上旬进入蕾期,6月底至7月初进入开花期,8月下旬为吐絮期。

(二)配套栽培技术

1. 苗床准备与制钵

选择背风向阳、排灌方便、靠近棉田、表土肥沃的地方作为床址,苗床面积与大田比例为1∶20,苗床宽1.2米,长25米。在制钵(块)前15~20天,将苗床表土挖松,按每30平方米(667平方米大田所需苗床)施入优质农家肥(土杂肥)100千克,腐熟人、畜粪水约150千克,氯化钾1千克,过磷酸钙1千克,或施入相应养分含量的复合肥,或棉花苗床专用肥,混匀,用薄膜覆盖备用。在播种前1~2天或当日,将苗床上的

营养土用水调至手握成团、齐胸落地自然散开为宜，用直径7～8厘米的制钵器制钵，并整齐地排列在苗床上，每排15个，苗床四周用细土或细砂填平围好，以备播种。或将苗床土在播种前起浆整平，按长、宽各8厘米，高6厘米进行划格，制作成营养块，随后播种，每667平方米制钵3000个以上。

2. 苗床播种

(1)苗床播种　当日平均气温稳定通过8℃以上即为安全播种期，洞庭湖地区一般在4月10～20日播种，江汉平原一般在3月25日至4月5日播种。播前苗床浇足水，每钵播种种子1～2粒，播后盖土，盖土厚1.5厘米，盖土要厚薄一致，并填满钵体间的空隙。

(2)苗床化学除草和搭棚盖膜　参考本节一、相应部分。

3. 苗床管理　参考本节一、相应分部。

4. 移栽前准备

(1)扶理前茬　对预留棉花空档较窄或前茬出现倒伏的地块，要在棉花移栽前对前茬进行扶理，以改善棉行的通风透光条件，提高土温，促进棉苗早发，同时也有利于棉花移栽时的田间操作。

(2)施足基肥　一般每667平方米施优质农家肥2000～3000千克(或腐熟饼肥50千克)，氮肥施入量是生育期施入氮肥总量的30%，即尿素13千克；磷肥全部基施，即过磷酸钙50千克；钾肥施用总量的60%，即氯化钾12千克；硼肥0.5～1.0千克，锌肥0.5千克。将肥料混合均匀后开沟深施。施肥时间在移栽前15～20天，或在移栽前7～8天结合整地做畦施入。

(3)化学除草　移栽地膜棉在平整后用棉田除草剂均匀喷洒于土面，喷后覆盖地膜，或直接覆盖除草地膜。

(4)精细铺膜　带墒铺膜，若土壤墒情不够补墒后再铺膜。宽窄行配置，棉花膜铺在窄行，一膜盖两行棉花，膜宽比小行大 20 厘米，地膜应紧贴地面，两边压实，防止大风掀膜。

5. 大田移栽

(1)移栽规格　棉花采用宽窄行种植(宽行 120 厘米，窄行 80 厘米)，平均行距 100 厘米，株距 37～40 厘米，按此规格打孔或开沟，每 667 平方米移栽 1 600～1 800 株。

(2)移栽时间　洞庭湖地区移栽时间一般在 5 月 10～25 日，江汉平原一般在 4 月下旬至 5 月上旬移栽。

(3)移栽质量　苗床起苗时保证钵体完好，覆土时先覆 2/3 土，浇活棵水然后再覆土，活棵水宜用稀粪水，移栽宜在晴好天气进行，切忌雨天或雨后带烂泥移栽。移栽地膜棉在移栽结束后应清理膜面。

栽后要及时收获前茬，灭茬中耕松土，移苗补缺，清沟理墒和治虫。

6. 苗期和蕾期管理

(1)蕾期追肥　蕾期一般不需施肥，但对于长势较弱棉田，每 667 平方米可追施 2～3 千克尿素。

(2)化学调控　苗期一般不使用缩节胺进行调控；现蕾期每 667 平方米使用缩节胺 0.1～0.8 克对水 25 升调控。

(3)田间除草　移栽后 20～25 天，田间杂草已生长 3～4 片叶龄，这时可进行第一次棉株行间化学除草，主要是棉沟和株间，每 667 平方米用 10%草甘膦 500 毫升对水 20～25 升加洗衣粉 0.2 千克，或 41%农达 100 毫升对水 20～25 升，在基本无风的天气时行间喷雾，并在喷头上安上防护罩，药液尽量不喷到棉花叶片上，防止出现药害。也可人工松土除草。

(4)整枝　在稀植的情况下，每株保留叶枝 2～3 个。

7. 花铃期管理

(1)重施花铃肥,补施盖顶肥　初花期揭膜、开沟后每667平方米施尿素15～20千克,氯化钾8～10千克;打顶后补施盖顶肥每667平方米施尿素8～10千克,以满足后期秋桃的养分需要,提高铃重,防止早衰。

(2)根外追肥　8月上中旬视棉花长相,根外喷施2%尿素液加0.3%～0.5%磷酸二氢钾液2～3次。

(3)化学调控　初花期每667平方米用缩节胺1.2～1.5克,对水30升叶面喷施;之后视棉花长势,隔10天左右每667平方米用缩节胺1.5克,对水30升叶面喷施;打顶后一周,每667平方米用缩节胺3～4克,对水50升喷施。

(4)花铃期化学除草　若在7月上旬或封行前棉田还有较多杂草,就需要第二次化学除草,或人工除草。

(5)摘旁心,打顶　叶枝在长出3个果枝时,摘去叶枝顶心;主茎在立秋前后打顶;及时抹掉赘芽。

(6)灌水抗旱　棉花进入花期时,根据旱情及时灌水,以垄间有半沟水,垄面湿润为度,傍晚灌,清晨排。

8. 病虫防治

苗期挑治蚜虫、蓟马、棉叶螨、地老虎;蕾期挑治红蜘蛛,防治第二代棉铃虫及盲蝽;花铃期以防治红铃虫、棉铃虫为主,挑治伏蚜、棉叶螨等害虫;吐絮期重点防治第三代、第四代和第五代棉铃虫及红铃虫。用有机磷或有机磷类复配剂等药剂防治蚜虫、地老虎等;用三氯杀螨醇或久效磷或达螨灵等防治棉叶螨;用菊酯类或菊酯类复配剂或有机磷类等药剂防治棉红铃虫。

9. 适时采收

当大部分棉株有1～2个棉铃吐絮时,即开始采摘,以后每隔7～8天采摘1次。一般不摘未完全开裂的棉花，但雨前要及时采摘，做到分收、分晒、分存、分轧和分售。

三、长江下游棉区彩色棉栽培技术

(一)目标产量、产量结构和生育进程

1. 目标产量 棕色棉每667平方米产皮棉85千克以上，优质棉比例达到80%，僵烂花率低于10%。

2. 产量结构 每667平方米种植3 000株左右，单株成铃数17个以上，每667平方米成铃数5.1万个以上，平均单铃重4.5克，衣分率37%。

3. 生育进程 3月25日至4月5日苗床播种，4月上旬出苗；4月下旬至5月上旬移栽；移栽地膜棉6月上旬现蕾，露地移栽棉6月中旬现蕾；移栽地膜棉6月底至7月初开花，露地移栽棉7月初、中旬开花；移栽地膜棉8月下旬吐絮，露地移栽棉9月初絮。

(二)配套栽培技术

1. 苗床准备与制钵 参考本节一、相应部分。

2. 苗床播种 参考本节一、相应部分。

3. 苗床管理 参考本节一、相应部分。

4. 栽前大田准备 参考本节一、相应部分。

5. 大田移栽

(1)株行距配置 移栽地膜棉窄行宽50～60厘米，宽行宽90～100厘米，平均行距75厘米左右；移栽露地棉窄行宽50厘米左右，宽行宽80～90厘米，平均行距70厘米左右。

(2)适期移栽 当气温稳定在17℃～18℃时即为安全移栽期。移栽地膜棉一般在5月10日左右开始移栽，5月15日前移栽结束。露地移栽棉一般在5月15日左右开始移栽，

5 月 20 日左右移栽结束。

(3)移栽方法　根据密度要求,定距打孔,孔深略超过钵体高度。苗床起苗时保证钵体完好,覆土时先覆 2/3 土,浇活棵水然后再覆 1/3 土,活棵水宜用稀粪水,移栽宜在晴好天气进行,切忌雨天或雨后带泥移栽。移栽地膜棉在移栽结束后应清理膜面。栽后要及时收获前茬,灭茬中耕松土,移苗补缺,清沟理墒和治虫。

6. 蕾期管理

(1)化学调控　根据天气、土壤肥力和苗情及时进行化学调控,以防营养生长过旺,减少脱落。蕾期(6 月中旬)对有旺长趋势的棉田,每 667 平方米用缩节胺 1～1.5 克加水 30 升均匀喷洒,控制棉苗旺长。

(2)整枝和留叶枝　及时去除叶枝,以改善棉株生长环境。密度低、行距大的田块可定向留取 1～2 个上位叶枝。

(3)清沟理墒　棉花蕾期正值梅雨季节,在棉田沟系配套的基础上进一步清沟理墒,及时排除田间积水,减轻田间渍害,以利于根系生长。

(4)防治虫害　棉花蕾期的主要害虫有第二代棉铃虫、棉盲蝽、蚜虫等,根据虫情及防治标准及时用药防治,一般可用有机磷或氨基甲酸酯类以及特异性昆虫生长调节剂进行防治。

(5)缺硼棉田喷施硼肥　每 667 平方米用 50 克左右高效速溶硼肥加水 25～30 升,进行叶面喷施。

7. 花铃期管理

(1)早施花铃肥　第一次花铃肥以有机肥与无机肥相结合,氮肥与钾肥相结合,每 667 平方米一般施猪羊粪 750～1 000千克或饼肥 30～40 千克,加尿素 10 千克左右,过磷酸钙 20 千克,氯化钾 10～15 千克。移栽地膜棉 6 月底至 7 月初揭膜并将残膜清除出田外，初花期结合中耕在小行中开沟施用第一次花铃肥；露地移栽棉7月上旬在初花至开花期间施用第一次花铃肥。

(2)喷施硼肥　缺硼棉田于开花期每667平方米用100克高效速溶硼肥对水50升叶面喷施。

(3)重施第二次花铃肥　移栽地膜棉每667平方米在7月20～25日穴施或沟施尿素15千克左右，不得撒施。露地移栽棉每667平方米在7月下旬穴施或沟施尿素12千克左右，不得撒施。缺硼棉田于7月下旬用100克高效速溶硼肥加水50千克/667平方米叶面喷施。

(4)追施盖顶肥　每667平方米追施尿素5千克，时间一般在8月1日前结束。

(5)根外追肥　8月中旬后叶面喷2%尿素，生长偏旺的棉田加0.2%～0.5%磷酸二氢钾，每隔7～10天喷1次，连续喷3～4次。

(6)化学调控　初花期对生长偏旺、叶片偏大、主茎生长过快、土壤肥力较好的棉田，每667平方米用缩节胺2～2.5克对水50～60升均匀喷洒。在打顶后1周左右，根据棉花长势每667平方米用缩节胺2～3克对水50～60升均匀喷洒进行化学封顶。

(7)适时打顶　移栽地膜棉和露地移栽棉在立秋前后打完顶，以打去1叶1心为宜。

(8)防治虫害　对棉花第三代棉铃虫、红铃虫、棉盲蝽、棉叶螨、玉米螟、伏蚜等，准确预测预报，及时防治。棉铃虫要在产卵高峰用药，发现棉叶螨的危害立即采用封闭式防治方法，用杀螨剂将其消灭在点片发生阶段，避免扩大危害。农药品种选用菊酯类或有机磷类及其复配农药或生物农药等。做到一药兼治，避免单一用药，应交替使用以延缓或减轻害虫的抗药性，提高药效和保护天敌。

(9)防灾减灾　结铃盛期灾害性天气时有发生，如遇台风暴雨袭击要及时排水降渍扶理棉花，补施肥料或根外追肥，有利于恢复生长。如遇干旱应沟灌跑马水，避免大水漫灌，造成蕾、花、铃生理脱落。

8. 吐絮期管理及收花

(1)防治害虫　9月上中旬继续做好棉虫的防治工作。

(2)乙烯利催熟　晚熟棉田可用乙烯利催熟，催熟效果决定于铃期和气温，被催熟棉铃的铃龄要求在40天以上，气温不低于20℃，长江下游及沿海北部地区一般在10月15～20日。使用浓度为1 000毫克/升左右，即每667平方米用40%的乙烯利125克对水50升叶面喷施。

(3)收花　棉花吐絮后5～7天为最佳采摘期，应及时采收。不收雨后花、露水花和开口花。按品级分收、分晒和分售。

(4)控制异性纤维　采摘、包装和交售棉花禁止使用化纤编织袋等非棉布口袋，禁止使用有色线绳扎口，以防异性纤维混入。

第九节　西北内陆棉区彩色棉栽培技术

一、南疆棉区彩色棉栽培技术

(一)目标产量、产量结构和生育进程

1. 目标产量　棕色棉每667平方米产皮棉120千克；绿色棉每667平方米产皮棉75千克。

2. 产量结构　棕色棉，每667平方米收获1.4万～1.6

万株，单株铃数5.1～5.8个，每667平方米成铃数8.1万个，单铃重4.5克，衣分33%，霜前花率90%～95%。

绿色棉，每667平方米收获1.4万～1.6万株，单株铃数5.1～5.9个，每667平方米成铃铃数8.2万个，单铃重4.0克，衣分23%，霜前花率90%。

3. 生育进程 4月上中旬播种，4月中下旬出苗，5月下旬现蕾，6月下旬开花，8月下旬吐絮。

(二)配套栽培技术

1. 播前准备

(1)秋耕冬灌 秋耕冬灌可起到降低害虫越冬基数和压碱蓄墒的作用。秋耕深度应达到22厘米以上，耕后应及时灌水。来不及秋翻的地块，可带茬灌水蓄墒。冬灌应在土壤封冻前结束，每667平方米灌水量150立方米左右。

(2)春灌 已冬灌地块，如墒情较好，不需再春灌；跑墒严重，墒情较差的仍需春灌，每667平方米灌水量为100立方米左右。未进行冬灌的地块播前应进行春灌，每667平方米灌水量150立方米左右。春灌应在3月25日左右结束。

(3)种子准备 种子经硫酸脱绒、机械精选，并采用包衣或杀菌剂拌种，种子纯度98%以上、净度95%以上、发芽率85%以上、健子率80%以上。

(4)施足基肥 每667平方米基施厩肥2吨或油渣100千克，重过磷酸钙或磷酸二铵20～25千克，尿素20～25千克；或在施用上述有机肥的基础上，每667平方米施用50～60千克棉花专用肥。基肥可于冬翻或春翻前均匀撒施或在犁地的同时用施肥机施用，机械深翻入土。

(5)播前整地 整地前后要清拾地表残膜、残茬、草根和杂物。整地质量按“墒、平、松、碎、净、齐”六字标准要求，并达到上虚下实。

(6)化学除草　播前翻耕后结合耙地，每667平方米使用除草剂48%氟乐灵100～150毫升或90%禾耐斯50～80毫升对水50升，均匀喷雾，要求边喷边耙耱，耙深5～8厘米，使除草剂药液与表土充分混合，以提高除草效果，并防止出现药害。

2. 播　种

(1)适期早播　当膜下5厘米地温稳定在14℃时即可开始播种，一般年份适宜播种期为4月1～20日，最佳播期为4月5～15日，一般不宜超过4月20日。

(2)行株距及播种密度　一是采用幅宽140～145厘米地膜，1膜播4行棉花，行、株距配置方式主要有(60厘米＋32厘米)×9.5厘米、(55厘米＋30厘米)×9.5厘米，播种密度每667平方米1.53万～1.65万株；二是采用幅宽200厘米地膜，1膜播6行棉花，行、株距配置方式主要有(60厘米＋10厘米)×10.5厘米和(66厘米＋10厘米)×9.5厘米，播种密度为每667平方米1.81万～1.85万株。

(3)铺膜和播种质量要求　播种深度3厘米左右，沙土地略深一些，可到3.0厘米；黏土地略浅一些，2.5厘米即可。常规播种机每667平方米种子用量4～5千克，精量播种每穴1粒，每667平方米用种量1.5～2千克。要求铺膜平展、紧贴地面，松紧适中，压实膜边，播种行覆土均匀、严实，厚度0.5～1.0厘米，膜面干净。

播种后注意护膜防风，应及时查膜，用细土将播种机漏盖的穴孔封严，每隔10米用土压1条护膜带，防止大风将地膜掀起。如遇大风，要及时查膜压土封孔。

3. 苗期和蕾期管理

南疆春季气温不稳定，苗期常有低温、降雨等天气，应及时放苗、补种和定苗，并进行中耕松土，提高地温、破除板结，以实现全苗和壮苗早发。

(1)及时放苗、补种　一般在播种后 8～12 天即可破土出苗，此时应做好查苗、放苗和补种工作。对于播种错位的棉苗要及时破膜放苗，放苗时应注意将棉苗基部孔穴用土封严。如遇下雨，雨后应及时破除覆土板结，助苗出土。对于缺苗较重的棉田，应在放苗的同时或随后催芽补种。

(2)早定苗　为避免棉苗相互拥挤，形成高脚苗，应在棉苗子叶展平后开始定苗，1 叶 1 心时结束。1 穴留 1 苗，去弱苗、病苗，留壮苗、健苗，同时要培好“护脖土”。

(3)中耕除草　为破除土壤板结，增强土壤通透性，提高地温，促进棉苗根系发育和地上部生长，灭除田间杂草，一般在播后或棉田显行时进行第一次中耕，以后如遇降雨，土壤出现板结，应及时中耕，现蕾前中耕 1～2 次。机械中耕深度不少于 15 厘米，距苗行 10 厘米左右，要求做到表土松碎平整，不压苗、不埋苗、不铲苗，不损坏地膜。机械中耕不到的地方可采用人工除草。

(4)根外施肥　为促进壮苗早发，早现蕾和多现蕾，可在定苗后每 667 平方米用磷酸二氢钾 100～120 克和尿素 100 克对水 30 升叶面喷施，每次间隔 7～10 天喷 1 次，连喷 2～3 次。

(5)化学调控　棉花化学调控应坚持“早、轻、勤、稳”，少量多次。一般棉田在 2～3 叶期每 667 平方米用缩节胺0.2～0.3 克，对水 20 升；5～6 片叶期，每 667 平方米用缩节胺 0.5～0.8 克，对水 30 升；灌第一水前，每 667 平方米用缩节胺 2 克左右，对水 40～50 升。

4. 花铃期管理

(1)揭膜　地面灌溉棉田，根据棉田土壤墒情和棉花长势适时揭膜。旺长棉田6月10日前要揭膜，一般棉田可延后，于6月中下旬头水前3～5天揭膜，要保证揭膜后及时灌水，避免发生旱情。膜下滴灌棉田可在棉花收获完毕或第二年春季犁地前揭膜。

(2)重施花铃肥　进入花铃期以后，对养分的吸收达到一生中的高峰，必须保证花铃期养分的充足供应。花铃期追肥以氮肥为主。

地面灌溉棉田，6月中下旬头水前进行第一次追肥，每667平方米结合开沟追施尿素10～15千克，施肥应距苗行10～12厘米，深10～15厘米；第二水时视棉田长势，每667平方米人工撒施尿素5～8千克，防止棉田脱肥早衰。

膜下滴灌棉田，棉花头水时开始滴肥，前三次滴施的肥料以尿素为主，头水每667平方米随水滴尿素2千克，第二水和第三水每667平方米滴尿素2～3千克，另加磷酸二氢钾1千克。7月5～10日棉花进入盛花期，此时棉花进入需肥高峰期，也是第一个蕾铃脱落的高峰期，需加大肥料的投入，每次每667平方米滴水分别滴施棉花滴灌专用肥和少量尿素5～6千克；或每667平方米滴施尿素4～5千克，加磷酸二氢钾1千克。为了防止脱落、保铃增铃、提高铃重，8月上旬进行最后1次滴肥，每667平方米随水滴施尿素2千克和磷酸二氢钾1千克。

(3)棉田灌溉　地面灌溉棉田，坚持"头水晚、二水赶，三水足，看苗看长势灌水"的原则，全生育期浇水3～5次。头水灌溉时间一般在6月15～20日前后，浇水顺序应以棉花长势和墒情而定，一般弱苗和沙土地先浇，旺苗和黏土地后浇，要求小畦浇或细流沟浇，严格控制水量，一般浇水量在50～60立方米，做到不串灌、不漫垄、均匀灌透；第二水应紧跟头水后

10～12 天，浇水量根据棉花长势控制在 60～70 立方米。第二水以后，每隔 15～18 天灌第三水、第四水，灌水量以 70 立方米左右为宜。最后一水的灌溉时间不宜过早，也不宜过晚，南疆棉区适宜停水时期一般在 8 月 25 日左右，对于砂性土壤棉田可适当增加浇水次数，在 8 月 30 日至 9 月初停水。要重视最后一水的水量，必须保证 9 月上中旬田间地表湿润。

膜下滴灌和高密度棉田，需水时间比常规沟灌有所提前。一般 6 月 10 日左右开始滴头水，对于僵苗、弱苗、晚发苗棉田头水灌溉时间可早些；对于长势较好的棉田，可推迟到 6 月下旬棉田见花时灌水。6 月份滴水周期 7～8 天，每 667 平方米水量控制在 10～15 立方米，以浸润边行为宜，尽可能缩小膜上边行与中行棉苗差距；从 7 月初开始，加大滴水量，每次每 667 平方米滴水 20～25 立方米，滴水周期为 5～7 天；从 8 月中旬可适当减少滴水次数和滴水量，每次每 667 平方米滴水 15～20 立方米，滴水周期为 10 天左右。一般 8 月 25 日至 9 月 5 日停止滴水，在最后一次滴水时根据棉田情况可适当增加水量，以保证 9 月上中旬田间地表湿润。一般气候年份，全生育期滴水 12～14 次，每 667 平方米灌水总量为 250 立方米左右。

(4)化学调控　初花期每 667 平方米用缩节胺 3～4 克，对水 60 升；打顶后根据棉田长势，每 667 平方米用缩节胺6～8 克，对水 60 升。

(5)根外施肥　为补充根系对养分的吸收，防止棉株早衰，减少蕾铃脱落，增加铃重，一般棉田从盛花期(7 月 15 日前后)起，每 667 平方米用 100～150 克磷酸二氢钾加 150～200 克尿素，对水 30～40 升叶面喷施，7～10 天喷 1 次，连喷 2～3 次。旺长棉田后期应减少或不喷施尿素；缺氮有早衰迹象的棉田，可适当增加尿素用量。

(6)适时打顶　打顶时应严格遵循“时到不等枝，枝到不等时”的原则，即季节到了不等待果枝数，果枝数达到标准不再等待季节，对于高密度（每 667 平方米种植 1.5 万株以上）的棉田，可在 7 月初开始打顶，7 月 10 日结束；每 667 平方米种植 1.2 万株左右的棉田可于 7 月 10 日开始打顶，7 月 20 前结束。打顶时摘除 1 叶 1 心，不能大把揪，不论高矮、旺苗、弱苗 1 次过打顶。

5. 病虫害防治

南疆棉区危害棉花的病害主要有枯萎病和黄萎病，主要害虫有地老虎、棉蓟马、棉蚜、棉铃虫和棉叶螨等。

(1)病害防治　首先要加强保护无病区和轻病区，规范引种，种子调运要严格检疫，不使用发病棉田生产的种子和油渣，以控制枯萎病和黄萎病的扩散和蔓延；使用包衣和杀菌剂处理的种子；对于长期种植棉花的地块采用轮作倒茬，尤其是与水稻轮作，以降低枯萎病和黄萎病病菌数量；重病田选用抗病性强的品种。

(2)虫害防治　地老虎和棉蓟马防治：地老虎和棉蓟马是棉花苗期的主要害虫。防治的关键是种子包衣或药剂拌种，未包衣、拌种且地老虎或棉蓟马发生严重的地块，可在齐苗后喷施 2.5%敌杀死乳油 1 000～1 500 倍液或 50%辛硫磷乳油 1 000倍液或 50%久效磷乳油 1 000～1 500 倍液；也可用油渣拌敌百虫诱杀地老虎。

①棉蚜防治　当棉田蚜虫点片发生时，应坚持隐蔽用药，可选用久效磷或氧化乐果加水稀释 5 倍涂茎，也可每 667 平方米沟施呋喃丹 2.5 千克或铁灭克 350～400 克，切勿大面积喷药；棉田大面积发生棉蚜时也应谨慎用药，可采用保护带喷药形式灭蚜。

②棉铃虫防治　棉花进入蕾铃期后应着手棉铃虫的防治，其措施为：种植玉米诱集带，棉花播种时在棉田四周种植玉米诱集带诱集棉铃虫产卵，在玉米上集中消灭棉铃虫虫卵或人工捕捉幼虫。杨树枝把诱捕，利用棉铃虫对杨树枝把的趋向性，在棉铃虫羽化期开展杨树枝把诱蛾。灯光诱杀，利用棉铃虫成虫对黑光灯和高压汞灯的趋光性，进行诱杀。化学防治，6 月下旬应严密关注棉铃虫发生动态，对达到棉铃虫防治指标的棉田用赛丹进行第一次防治；间隔十日，对仍然达到防治指标的棉田，使用赛丹第二次化学防治。7 月中旬，对棉田第二代棉铃虫可采用人工捕捉，减少用药，以保护天敌。

③棉叶螨防治　重在早期发现。查找中心源，及时用克螨特防治，控制其蔓延，结合灌溉减轻危害。棉花生育盛期，如果虫害发生程度超过防治指标时，可用久效磷 1 000 倍液加敌敌畏 800 倍液混合，或 1 000 倍液氧化乐果防治，在红蜘蛛发生严重时，也可用 20%三氯杀螨醇 1 000 倍液或 73%克螨特乳油1 000倍液喷雾防治。

7 月下旬至 8 月部分棉田发生棉叶螨，选用对天敌安全的杀螨剂为好，如喷施 73%克螨特乳油 1 000～1 500 倍液，或 5%尼索朗 1 000 倍液，或 20%三氯杀螨醇 1 500～2 000 倍液喷雾。也可涂茎，方法同防治棉蚜时采用的涂茎方法。

6. 吐絮期管理及收花

(1)清除杂草　吐絮前应进行 1 次彻底的杂草清除工作，这样做既能保证拾花质量，又能减轻下茬作物的草害。一般在 8 月上旬进行人工清除。

(2)打老叶促早熟　对于旺长、田间郁闭的棉田，可在 8 月底至 9 月上旬打掉部分老叶，以利棉田通风透光，减少烂铃，促进早熟。

(3)喷施催熟剂　一般在9月中下旬第一次收花后进行为好。每667平方米用乙烯利150～250克对水40升左右进行均匀喷施。吐絮良好预期霜前花率达90%以上的棉田，用量可减少，反之用量加大。

(4)收花　严格区分霜前花和霜后花。对于采摘后的棉花应进行分晒、分存，以提高棉花的质量与等级。在采摘和装运过程中，要防止人和畜禽毛发等异性纤维混入棉花。

(5)清除残膜　头水前未揭膜的地块，收获后要拾净棉田残膜。

二、北疆棉区彩色棉栽培技术

(一)目标产量、产量结构和生育进程

1. 目标产量　棕色棉每667平方米产皮棉100千克；绿色棉每667平方米产皮棉70千克。

2. 产量结构　棕色棉，每667平方米收获1.4万～11.6万株，单株成铃数4.3～5.0个，每667平方米成铃数6.8万个，平均单铃重4.5克，衣分33%。

绿色棉，每667平方米收获1.4万～1.6万株，单株成铃数4.8～5.3个，每667平方米成铃数7.6万个，平均单铃重4.0克，衣分率23%。

3. 生育进程　4月上中旬播种，4月下旬至5月初出苗，5月下旬至6月初现蕾，6月下旬开花，8月底至9月初吐絮。

(二)栽培技术

1. 播前准备

(1)秋耕冬灌　9月下旬至10月中旬，回收棉田废旧滴灌管和残膜，待棉花全部拾完后，机械粉碎棉秆，随后秋耕，耕深25～28厘米；秋耕后进行冬灌，每667平方米灌水量80～

100 立方米，做到灌水均匀、不漏灌、不积水。来不及粉碎棉秆的棉田，也可带茬秋耕或带茬冬灌。

(2)施足基肥　全生育期每 667 平方米施用优质厩肥3～5 吨，或羊粪 1 吨，或油渣 100 千克，120～140 千克标准化肥，化肥氮、磷、钾比例为 1∶(0.3～0.5)∶0.1。将全部有机肥和磷、钾化肥，以及氮肥总量的 40%于秋耕时做基肥深施。

(3)化学除草　每 667 平方米用 48%氟乐灵 100 克或禾耐斯 60～80 克对水 50 升，于当年春季粗整地一遍后喷药，边喷边细耕，耕深 5 厘米以上，做到不重、不漏、量准。以夜间作业为宜。

(4)播前整地　整地时采用复试作业，以减少作业次数。整地质量要达到“墒、平、松、碎、净、齐”六字标准，并做到上虚下实。结合整地采用人工拾膜与机械回收相结合，务求把残膜拾净。

(5)种子准备　选择生育期 125 天左右、抗枯萎病和黄萎病的彩色棉品种。棉籽经硫酸脱绒、机械精选，清除破碎、瘪小的种子及杂质，种子纯度达到 95%以上，净度 98%，发芽率 85%以上，含水率小于 12%。播种前，用 50%敌克松(种子量的 0.4%)和 60%3911 乳油(种子量的 0.6%～0.8%)，对水均匀拌种，堆闷 24 小时后晾干装袋备用；有条件的地方也可进行包衣处理或购买包衣种子。

2. 适期播种

(1)适宜播期　膜内 5 厘米地温连续 3 天稳定在 14℃时即可播种，正常年份在 4 月 8 日可开始播种，一般在 4 月10～20 日为最佳播期。

(2)行距配置和播种方式　采用宽膜 3 膜 12 行 16 穴或 18 穴，超宽膜 2 膜 12 行 14 穴，机采棉宽膜(68+8)厘米或

(66+10)厘米 14 穴等模式，播种深度控制在 2.5～3.0 厘米，播种量一般每 667 平方米 4～5 千克，气吸式精量播种机播种量为每 667 平方米 2～3 千克。

(3)播种质量要求　铺膜要平整，压膜要严实，无浮籽，错位少，播行笔直，连接行准确；空穴率低于 3%，膜上覆土 0.5～1.0 厘米，穴孔覆土要严实；可每隔 10～15 米用土压 1 条护膜带，以防大风掀膜。

3. 播后管理

播种后应及时进行田间检查，清扫膜面，并做好压膜和封孔等工作；如遇大风，要及时查膜，被风掀起的膜要及时覆土压实，用细土将穴孔封严，以防透风跑墒；播后 3 天内，做好地头地角的补种、铺膜工作。出苗前中耕松土 1 次，以提高地温，加快边行出苗。

4. 苗期管理

(1)及时放苗、补种　播种后及时查苗，对于错位的孔穴，要及时破膜放苗，放苗时应注意将棉苗基部孔穴用土封严；如遇下雨，雨后应及时破除封土板结，以利出苗。对于缺苗较多的棉田，应在放苗的同时或随后催芽补种。

(2)早定苗　两片子叶展平后即可开始定苗，1～2 片真叶展平时结束。定苗时做到匀留苗，去弱苗、病苗，留壮苗、健苗，严禁留双株，同时要培好"护脖土"。

(3)中耕松土　苗期中耕 1～2 次，耕深 14～16 厘米，护苗带 8～10 厘米。中耕时做到不埋苗，行间平整、不起大土块，行间土壤松碎。

(4)化学调控　因苗调控，即弱苗轻控或不控、旺苗重控，一般在 2～3 叶期每 667 平方米用缩节胺 0.3 克，对水 20 升叶面喷洒；5～6 叶期每 667 平方米用缩节胺 0.6～0.8 克，对水30升叶面喷洒。

(5)根外追肥　在2～3片真叶时起,每667平方米用磷酸二氢钾100克加尿素150克,对水45升叶面喷施2～3次,以促进棉苗生长。

(6)防治害虫　加强虫情调查,对有棉叶螨、棉蚜的虫株及时拔除;点片发生时可用涂茎、滴心方法防治。

5. 蕾期管理

(1)中耕除草　蕾期中耕1～2次,耕深16～18厘米,保护带10厘米,对于护苗带和株间等机械作业不到的地方,要人工清除杂草。

(2)适时滴水　膜下滴灌棉田,蕾期(6月上中旬)滴灌2次,每667平方米灌水量为20立方米;滴水时每667平方米加尿素2.5～3.0千克,第一、第二次滴水每667平方米分别加磷酸二氢钾200～450克和550～850克。

(3)化学调控　灌第一水前,每667平方米用缩节胺2～3克,对水45升,叶面喷洒。主要控制中下部主茎节间和下部果枝伸长。

(4)防治虫害　根据虫情,对棉叶螨、棉蚜发生的点片,采用抹、摘、拔、滴等方法进行挑治,达到保益控害的目的(涂茎:用40%氧化乐果乳油或50%的久效磷乳油,对水5～7倍,涂于主茎红绿交界处。滴心:用50%的久效磷乳油,对水40倍液,滴在主茎顶端)。

6. 花铃期管理

(1)揭膜　对于地面沟灌棉田应在头水前3天人工揭膜,以防止白色污染。

(2)追施花铃肥　地面沟灌棉田,将剩下氮肥总量的60%分别在第一水和第二水前追施。膜下滴灌棉田,可在花铃期第一次至第五次滴灌时每次每667平方米加尿素3.5～4.0千克和磷酸二氢钾0.85～1.20千克滴施。

（3）灌溉　地面沟灌棉田，全生育期3～4次。头水一般在6月下旬至7月上旬，每667平方米灌水量70～80立方米。对部分缺墒、弱苗棉田，为缓解旱情，需早灌头水，一般在6月10～20日。头水后根据苗情，每隔15～18天左右灌第二水和第三水，每667平方米灌水量90立方米。在8月20日前后停水，最后一水，每667平方米灌水量在80立方米左右。凡在8月5日前灌第三水和有旱情的棉田补灌第四水，每667平方米灌水量60立方米左右。膜下滴灌棉田，6月花铃期滴水8次，每次每667平方米滴水量20～25立方米。

（4）根外追肥　8月份，有早衰表现的棉田每667平方米用磷酸二氢钾150～200克＋尿素200克，或加其他微肥，对水40升叶面喷施，喷施2～3次，以减缓叶片衰老，增强根系活力，促进根系吸收，达到增铃、增重的目的。

（5）适时打顶　坚持"枝到不等时，时到不等枝"的原则，北疆棉区适宜打顶时间在7月10日左右，并掌握密度大的早打、密度小的晚打。密度每667平方米在1.4万株以上的，留7～8台；密度为每667平方米1.2万～1.4万株时，留9～10台。打顶要求，打去1叶1心，并将顶心带出田外深埋。

（6）化学调控　初花期，每667平方米用缩节胺3～4克，对水40升，叶面喷洒；打顶后4～5天，每667平方米用缩节胺6～8克，对水60升，叶面喷洒。

（7）防治虫害　花铃期棉田主要害虫有棉铃虫、棉叶螨和棉蚜。棉铃虫防治采用灯光、性诱剂、杨树枝把、玉米诱集带诱杀，也可用生物农药Bt防治；棉叶螨防治采用杀螨剂如三氯杀螨醇、螨天杀、螨无敌等，坚决将其控制在点片发生阶段；

棉蚜的防治尽可能采用滴心、涂茎等隐蔽用药方法。这一时期严禁在棉田大面积使用广谱性杀虫剂，以保护利用天敌。

7. 吐絮期管理及收花

(1)清除杂草　后期清除棉田杂草，有利于通风透光，促进早吐絮，保证拾花质量，减少来年田间杂草。

(2)棉田催熟　对贪青晚熟的棉田，可在霜前 7 天每 667 平方米喷催枯剂百朵 100～120 克或乙烯利 100～150 克左右，对水 15～20 升，催熟棉田。

(3)适时采收，提高品质　在棉花吐絮后 7～10 天，及时组织拾花，严格分级。霜前花和霜后花分开；好花与僵瓣花分开；留种花与一般花分开，要拾净落地花。

三、河西走廊棉区彩色棉栽培技术

(一)目标产量、产量结构和生育进程

1. 目标产量　棕色棉每 667 平方米产皮棉 100 千克，绿色棉每 667 平方米产皮棉 80 千克，霜前花率 80%以上。

2. 产量结构　棕色棉，密度每 667 平方米 1.2 万～1.4 万株，单株果枝 8～10 台，株高 60～70 厘米，单株铃数 5.0～5.8 个，每 667 平方米成铃数 7.0 万个，单铃重 4.5 克，衣分 32%左右。

绿色棉，密度每 667 平方米 1.2 万～1.4 万株，单株果枝 8～10 台，株高 60～70 厘米，单株铃数 6.2～7.3 个，每 667 平方米成铃数 8.7 万个，单铃重 4.0 克，衣分 23%左右。

3. 生育进程　4 月上中旬播种，4 月 26 日至 5 月 6 日出苗，5 月 27 日至 6 月 7 日现蕾，6 月 25 日至 7 月 8 日开花，8 月 26 日至 9 月 15 日吐絮。

(二)配套栽培技术

1. 播前准备

(1)适时灌足底墒水　上年冬前或于当年春季3月中下旬灌底墒水,每667平方米灌水量150~180立方米。

(2)整地保墒　前茬作物收获后,应及时耕翻,深为20~30厘米,冻前将土地整平,灌底墒水后于适耕期先镇压碎土保墒,然后耖、耙和镇压,达到上虚下实、地平、土碎、墒足,无残茬杂物。

(3)施足基肥　灌底墒水前结合深翻每667平方米施优质农家肥3~5立方米。播种前,结合最后一次耖耙地每667平方米施云南磷肥40~50千克和硝酸铵22~24千克(或尿素16千克)混合深施,隔4~5天播种。

(4)化学除草　覆膜播种前,每667平方米用50%乙草胺75毫升(或48%地乐胺100~150毫升)对水2~3升,掺拌50千克细沙,均匀撒在土壤表面,浅耙入土,镇压后覆膜播种,防除杂草。

(5)种子处理　选用加工精选种子;播前1周内,按种衣剂:种子1:50的比例处理种子,晾干后即可播种。

2. 播　种

(1)种植规格　采用幅宽1.45米的超宽膜,中高肥力田块1膜点播4行,膜间留55厘米大行,膜内行距33厘米,株距15厘米,每667平方米保苗1.1万~1.2万株;中低肥力田块1膜点播5行,膜间留55厘米的大行,膜内行距27厘米,株距15厘米,每667平方米保苗1.2万~1.4万株。

(2)覆膜要求　机械覆膜播种后应及时补压漏盖的地段和破洞,人工覆膜应将地膜拉紧、展平、压严。

(3)播种　要经常检查棉花点播机滚筒内种子量,以免量少漏播，播后及时盖土封孔。每667平方米下种量6～7千克。

(4)适宜播期　以4月上中旬播种为宜。

3. 苗期管理

(1)查田压膜、破除板结　播种后要全田查看，将未盖、漏压的播种孔、地膜及时盖好、压平。如遇雨应及时破除板结，并用细土重新封严苗孔。对即将顶土出苗的棉田遇雨板结时，要轻轻破除板结，以免损伤棉苗。

(2)及时查苗　棉苗顶土出苗前后，及时放出错位苗，封好放苗孔，用土压严地膜破裂漏洞处。放苗最好在早晨和下午进行，中午太阳直射时尽量不要放苗，以防强光烧伤棉苗。

(3)定苗　棉花出苗后，于第一片真叶平展时一次性定苗，每穴留1株，缺苗断垄处留双株，并拔除棉田杂草。

(4)防虫　于5月下旬用敌百虫青草毒饵诱杀地老虎。每667平方米用铡碎的鲜草20～30千克，90%敌百虫晶体50～100克，对水2～3升溶解后均匀拌在青草上(或2～4千克粉碎的炒香油渣或麦麸上)，制成毒饵，于傍晚时撒到棉田内诱杀。

棉田蚜虫点片发生时，采用手抹、拔除中心蚜株等人工方法防治，或采用40%氧化乐果稀释5～10倍涂茎(或1000倍液滴心)等化学防治。同时用氧化乐果1500～2000倍液在棉田田埂杂草上进行喷雾防治红蜘蛛、蚜虫等，减少棉田的虫源量。

4. 蕾期管理

(1)防虫　蕾期棉花蚜虫(尤其是苜蓿蚜和桃蚜)逐渐向棉田转移，应多观察，做到早发现早防治。初发时主要采用土埋、手抹和拔除中心蚜株等人工防治方法；点片发生时，采用40%氧化乐果或久效磷等高效内吸杀虫剂稀释5～10倍液涂茎，用毛笔蘸药液涂在棉苗红绿相间处，只涂一面，药斑大小以2～3厘米为宜。此法可保护利用天敌，降低虫口密度和后期防治成本。

(2)调控结合　现蕾盛期每667平方米用50%矮壮素2毫升或助壮素3毫升，对水30～40升全田喷雾，降低棉株脚高，防止徒长，协调促进营养生长与生殖生长的矛盾，并视棉苗长相，进行棉田叶面根外追肥，即每667平方米用磷酸二氢钾100～150克、喷施宝5毫升等对水喷雾。

5. 花铃期管理

(1)灌水　棉花见花期前后灌头水，以后每隔20～25天灌水1次，全生育期灌水3～4次，8月上中旬停水。

(2)打顶　棉株果枝达到8台以上要及时打顶，用手轻抹去主茎生长点，最终留果枝台数不宜超过10台，打顶时间不宜超过7月15日，应掌握"枝到不等时，时到不等枝"。

(3)促控结合　开花期、花铃盛期视棉株发育情况，每667平方米先后用50%矮壮素4毫升和6毫升对水30～40升，进行全田喷雾，喷雾要均匀，以促进棉株营养生长向生殖生长转化，早结桃、多结桃，防止棉株徒长，减少脱落，并同时进行根外追肥。

(4)早施、重施花铃肥　结合灌水，头水每667平方米追施硝酸铵10～15千克，第二水每667平方米追施硝酸铵3～5千克，促进棉铃膨大发育。同时对一些长势弱的棉田进行叶面追肥。

(5)防虫　花铃盛期，正值棉蚜发生危害的高峰期，要根据棉蚜的发生规律，及早预测预报，针对不同的田块和虫情，作出相应的防治对策，初发时和危害轻的田块，仍用手抹、涂茎等防治方法，保护利用天敌。大面积发生时，用棉胺磷、甲胺磷等杀虫剂对水全田喷雾，采用敌敌畏毒砂熏蒸，每667平方米用80%敌敌畏乳油100～200毫升对水1～2升，稀释后均匀拌在30～40千克细砂上撒入棉田，操作时工作人员要戴手套、口罩，以防中毒。

6. 吐絮收获期管理及收花

（1）防虫　这时棉叶逐渐衰老，抵抗力下降，秋高气爽，降雨少，常有蚜虫、棉叶螨再次爆发。初发时及时用杀螨剂、杀虫剂等防治，切勿掉以轻心，造成大面积或全田蔓延扩散危害。

（2）水肥管理　特早熟棉区，吐絮初期棉株基本停止生长，对一些长势弱、表现出早衰迹象的棉田，应适时浅灌水一次，补施少量化肥，促进棉铃的饱满和棉纤维的成熟。

（3）收获　棉花达到正常吐絮标准时，要及时分拾、分存、分级出售，避免风吹、日晒、雨淋，降低品级。

（4）清除残膜　待棉花收获拔秆后，应及时清理田间残膜，减少田间污染。

第三章　我国有机棉生产及栽培技术

随着社会和经济的发展，人们收入和生活水平的不断提高，安全、无污染、健康型有机产品日益受到消费者的青睐，而作为有机产品的有机棉和有机纺织品服装也逐渐为广大消费者所接受，尤其是世界上一些知名的服装公司纷纷加入，推动了有机棉和有机纺织品服装业的快速发展。我国有机棉生产始于2000年，至2005年面积仅1 640公顷，但随着世界有机棉市场的不断扩大，我国的有机棉将具有很大的发展潜力。

为了促进我国有机棉的发展，本章将对有机棉的概念、生产现状和发展趋势、生产标准和生产技术进行叙述。

第一节　有机棉的概念

一、有机棉的定义

有机棉这一名词是从英文Organic Cotton直译过来的。在国外其他语言中也有叫生态棉或生物棉的，国外普遍接受Organic Cotton（有机棉）这一叫法，这里所说的“有机”不是化学上的概念。

有机棉是指按照有机认证标准生产，并通过独立认证机构认证的原棉。在其生产过程中不使用化学合成的肥料、农药、生长调节剂等物质，也不使用基因工程生物及其产物，其核心是建立和恢复农业生态系统的生物多样性和良性循环，以维持农业的可持续发展。在有机棉生产体系中，作物秸秆、畜禽粪便、豆科作物、绿肥和有机废弃物是土壤肥力的主要来源;作物轮作以及各种物理、生物和生态措施是控制病虫害和杂草的主要手段。

二、有机棉的生产要求

有机棉需要符合以下5个条件:

1. 原料必须来自于已建立或正在建立的有机农业生产体系,或采用有机方式采集的无污染的野生天然产品;

2. 产品在整个生产过程中严格遵守有机产品的加工、包装、贮藏、运输标准;

3. 有机棉在生产流通过程中,有完善的质量控制和跟踪审查体系,并有完整的生产和销售记录档案;

4. 要求在整个生产过程中对环境造成的污染和生态破坏影响最小;

5. 必须通过独立的有机认证机构认证。

三、有机棉与其他棉花的区别

有机棉与其他概念的棉花,如常规棉花、无公害棉花、绿色棉花之间存在明显的区别,主要包括:

(一)生产标准严格

有机棉在生产和加工过程中绝对禁止使用农药、化肥、激素等人工合成物质和基因工程技术,而其他棉花则允许使用或有限制地使用这些物质和技术。因此,有机棉的生产比其他棉花难得多,需要建立全新的生产体系,发展替代常规农业生产的技术和方法。

(二)质量控制和跟踪审查体系严格

跟踪审查系统是有机认证不可缺少的组成部分,有机棉生产必须建立完善的质量控制和跟踪审查体系，并保存所有记录，以便能够对整个生产过程进行跟踪审查。

（三）证书管理严格

有机棉生产基地要经过2～3年有机转换期才能获得认证，有机棉证书有效期一年，每年必须接受现场检查，确定是否能继续获得认证。

第二节　种植有机棉的意义

一、有利于棉区生态平衡，减轻环境污染，减少不可再生资源的消耗

为提高产量，常规棉花生产中大量使用农药、化肥等农用化学品。棉花是使用农药最多的农作物，全球棉花种植面积约占总农业用地的3%，但却使用了超过25%的农药，这些农药包括杀虫剂、杀菌剂、除草剂和落叶剂，这不仅导致农药在棉株体内的残留，也使棉田土壤及地下水、地表水受到污染，生态平衡遭受破坏，生物多样性锐减，进而威胁到人类的生存环境。棉田大量施用的化肥，通过淋溶、径流进入地下水和地表水体，引起地下水的污染和水体的富营养化。另外，棉花也是使用转基因品种最多的作物之一，据报道目前美国有将近78%、中国有60%以上棉田种植转基因的棉花，这种转入耐除草剂或具有Bt基因的棉花对生态环境具有潜在的威胁。

有机棉生产，禁止使用化学农药、化肥、人工合成的生长调节剂以及基因工程品种、产品等，而是遵循自然规律和生态学原理，采用一系列可持续发展的农业技术，循环利用有机生产体系内的物质，充分利用生态系统的自然调节机制，是注重

生态环境和生物多样性的保护的一种农业生产体系，因而对控制和减轻棉区环境污染，保护和恢复生态平衡，合理利用资源等起到积极的作用。同时，发展有机棉还减少了农药、化肥等合成物质在其生产过程中对不可再生资源的消耗，减轻了工业污染。

二、有利于保障人类健康

棉花既是纤维作物，也是油料和饲料作物，常规棉在生产过程中大量使用化学农药，会造成农药成分在籽棉中的残留。籽棉约40％为纤维，其余60％是棉籽，棉纤维中残留的农药成分可对人体皮肤造成直接危害，而棉籽中残留的农药通过食物链，最终进入人体。棉籽榨出的油是我国广大棉区的主要食用油，同时在许多国家被广泛使用在加工食品如饼干、洋芋片、色拉酱汁和烘焙食品等；榨完油的棉籽粕则用来制成动物饲料，喂养鸡、猪、牛等肉用或乳用动物。另外，常规棉花生产中由于使用转基因棉花品种，通过棉籽油、含棉籽粕的饲料，一些异蛋白、细菌与病毒的基因片段、抗生素抗药性的因子也都将由食物链进入人体。

三、有利于我国棉花种植业及纺织品服装业打破非关税贸易壁垒，提高产品在国际上的竞争力

中国的纺织业在2005年进入后配额时代，纺织品服装出口创历史最高纪录，但也导致了和欧洲、美国的纺织品贸易摩擦，中美、中欧纺织品协议的签订使中国的纺织业的发展暂时进入自我节制发展的阶段。这对我国纺织品服装业发出了一个警示，不仅要提高出口产品的数量，更要注重产品质量和档次。因此，调整产品结构、提高产品的附加值、规避将来可

能再度发生的针对我国纺织品的贸易特殊保护和反倾销壁垒、绿色环保壁垒，是我国棉花种植业、纺织品及服装业面临的问题。有机棉及其后续有机产品是一种真正源于自然、高品质、无污染、国际公认的环保产品，目前的生产量远远不能满足市场的需求，大力发展有机棉及其有机纺织品服装可以增加出口和我国外汇收入。

四、有利于调整棉花产业结构，增加棉农就业和经济收入

有机棉生产是一种劳动密集型产业，需要大量劳动投入，其发展有助于解决棉区普遍出现的劳动力过剩问题；调整农业结构、发展多种经营、引导农户面向市场生产附加值高的产品是我国农业的发展方向，有机棉生产正是以市场为导向，具有高附加值、高价格的特点。有机棉在国际市场上的价格，一般为常规棉的 1.5～2 倍，发展有机棉可增加棉农收入。

第三节　世界有机农业及有机棉的现状和发展趋势

一、世界有机农业的现状和发展趋势

有机棉生产是有机农业的一部分。有机农业的概念起始于 20 世纪 20 年代的德国和瑞士，这在当时是对应刚刚起步的石油农业而产生的一种生态和环境保护理念。20 世纪 40～50 年代是发达国家石油农业高速发展的年代，由此带来的环境污染和对人体健康的影响也日趋严重，因此，就有一部分先驱者开始了有机农业的实践。世界上最早的有机农场是

由美国的罗代尔(Rodale)先生于20世纪40年代建立的“罗代尔农场”。随着现代石油农业对环境、生态和人类健康影响的日益加剧,发达国家纷纷于20世纪60年代和70年代自发建立有机农场,有机食品市场也初步形成。1972年,全球性非政府组织——国际有机农业运动联合会(IFOAM)就是在这样的形势下在欧洲成立的,它的成立是有机农业运动发展的里程碑。80年代有机农业在欧盟、美、日、澳大利亚等国家或地区迅速发展,并形成全球运动;90年代后由于有机产品市场高速增长,促进了有机农业的更快发展。据德国生态与农业基金会提供的统计数据,2002年,世界经过认证的有机农场达到46.3万个,有机农业土地面积达到2 407万公顷,其中有机农业耕地面积占世界有机农业土地总面积的近50%,近10年,有机农产品和有机食品年增长率在25%~30%,目前正在逐渐进入一个平稳发展的阶段,据有关机构预测,今后几年全球有机农业的平均发展速度在15%左右。根据世界贸易组织国际贸易中心估测,2000年有机农产品和有机食品贸易额为160亿美元,2005年为300亿美元;预测,今后10年全球有机产品销售额将从目前的每年300亿美元增长至每年1 000亿美元。

二、世界有机棉和有机棉产品的现状和发展趋势

随着社会和经济的不断发展及人们生活水平的提高,保护农业生态环境、保证农产品安全、维护人类健康越来越受到人们的关注,安全、无污染、健康型有机产品在发达国家普遍受到公众的青睐,市场规模迅速扩大;作为有机产品的有机棉及其后续产品也逐渐为广大消费者所接受,并成为未来棉花种植、纺织、食品和饲料行业中新的亮点。

(一)有机棉种植

有机棉的生产始于二十世纪 80 年代末的土耳其。目前，世界上许多产棉国都采取积极的态度和有效的方法研究开发和生产有机棉，全球有机棉种植面积约为 4.47 万公顷，种植面积大国依次为土耳其 29%，美国 27%，印度 17%，秘鲁 9%，乌干达 5%，中国 4%，埃及 3%，塞内加尔 3%，坦桑尼亚 3%。

中国有机棉生产起始于 2000 年，2005 年有机棉种植面积约 1 640 公顷，主要分布在新疆棉区。我国新疆、甘肃等省、自治区光、热条件优越，单产水平高，病虫害轻，污染源少，常规棉田很少或不使用化学农药，转基因棉花品种面积少，具有发展有机棉的明显优势。随着国内外大型纺织或服装企业的参与，今后 5 年内我国有机棉面积预计将扩大到 6667 公顷以上。

(二)有机棉及其产品市场

20 世纪末，世界许多名牌服装商纷纷推出采用有机棉的产品，其中户外服装零售业更是一马当先。耐克公司在 1998 年开始将 3%有机棉混入 T 恤中；2001 年制作了接近 3 100 万件含有机棉的服装，同年秋季在美国发售的 T 恤衫的有机棉含量由 3%提高到 5.7%；该公司于 2002 年圣诞期间推出全有机棉及 95%有机棉混 5%莱卡(Lycra)的女装，估计该公司 2002 年的全球有机棉用量介于 100 万磅至 120 万磅之间。Timberland 公司则于 2003 年春季推出有机棉产品，他们打算销售混有机棉 T 恤，并通过若干分销管道销售全有机棉系列。

据美国有机行业协会表示，过去 5 年，有机纤维行业的年增长率为 22%，有机服装行业年增长率为 11%。目前欧洲与北美洲则是有机棉产品的最大市场，近几年美国有机棉的市场以每年约22%增长，欧洲国家中以德国与瑞士为最大的消费市场；日本虽然居后，但对有机棉的需求增长很快。虽然目前有机棉仅占全球棉花产量的一小部分，但业界相信，由于越来越多的消费者认识到有机棉花对身体健康与环境的影响力，及纺织公司由于面对与日俱增的价格竞争压力，故会设法使产品更具特色及更具竞争力，提供环保健康产品是其中的一个途径，许多名牌服装计划将有机棉制品加入生产线。美国有机行业协会预测，有机纤维产品未来5年增长率将达44%。

但应注意，有机棉及其产品与有机食品不同，消费者购买有机食品会从健康角度出发，考虑是否购买有机食物；而对于有机棉及其产品，单凭推销有机环保的理念并不能吸引顾客购买，就算你是一个绿色人士，也不会买一件颜色单调、会缩水变皱的有机棉产品。所以有机棉产品开始并不迎合市场口味，但经过在式样、设计和舒适度等方面的改进，以有机棉制成的产品，不再限于颜色素淡、宽衣阔裤的款式；现在不但色彩缤纷，而且布质柔软，式样时尚。消费者越来越喜欢有机棉产品，并乐意到处搜购这类产品，而且不介意多付一点金钱。

第四节 有机农业标准与有机认证机构

一、世界范围的有机农业标准

有机棉生产一般采用有机农业标准中的农场或作物生产标准。随着国际有机农业运动的逐步深入发展，有机农业标准也在一定程度上得到了完善和加强，目前已形成了世界范围内不同层次的标准体系，主要有国际标准、地区标准、国家标准和认证机构标准等。

(一)联合国有机标准

为了规范国际标准、保护消费者和促进国际贸易，联合国粮农组织(FAO)和世界卫生组织(WHO)共同领导的国际食品法典委员会，于1999年6月颁布了世界第一套有机植物生产标准。该标准的内容参考了欧盟有机农业标准EU 2092/91和国际有机农业运动联盟(IFOAM)的“有机生产与加工基本标准”的有关部分，但是在细节和所含领域方面仍然存在不少差异。国际食品法典委员会制定的这些标准已经成为世界各国制定本国有机食品法规的基础。

国际有机农业运动联盟(IFOAM)于1980年首次制定出“有机生产与加工基本标准(IBS)”。该标准对有机产品的种植、生产、加工和处理提出了总体原则和建议，是世界范围内的有机标准，为各国和地区及有机认证机构制定相关标准和进行有机认证提供了参考依据和框架。

(二)地区标准

地区标准主要有欧盟标准。1991年6月24日欧盟有机农业条例EU2092/91出台，该条例主要涉及植物产品。

(三)国家标准

为了确保有机农业深入发展和有机产品的质量，一些国家政府于20世纪90年代初开始制定国家有机生产、检验和认证标准，目前美国、日本、阿根廷、巴西、澳大利亚、智利、匈牙利、以色列、瑞士以及原15个欧盟成员国等已制定了各自的国家标准，这些标准在内容和实施效果上还存在着不少差异。欧盟和美国是世界上最大的有机产品市场，因此，他们的相关标准对世界有机农业生产和贸易的影响最大。

(四)认证机构标准

根据国际有机农业运动联盟发表的“2003 年有机认证指南”，目前，世界上有 57 个国家拥有自己的认证机构，全球共有 364 个有机认证机构，其中欧洲有 130 个，北美洲有 101 个，亚洲有 83 个，拉丁美洲有 33 个，大洋洲有 10 个，非洲有 7 个；欧盟、美国和日本拥有的认证机构分别为 106 个、64 个和 65 个；中国目前认证机构有两个，即南京国环有机产品认证中心(OFDC)和中绿华夏有机食品认证中心(COFCC)。绝大多数的有机认证机构都设在发达国家，同时为发展中国家提供认证服务；非洲和亚洲绝大多数国家尚未建立认证机构。基本上每个认证机构都建立了自己的认证标准，不同认证机构执行的标准都是在 IFOAM 基本标准的基础上发展起来的，但侧重点及标准的发展有所不同，这反映了不同国家和地区的实际情况。

二、有机认证机构

在众多的有机认证机构中，应选择那一家呢？一是要根据有机棉销往的地区或国家，选用相应地区或国家的认证机构；二是要根据客户的要求。目前，除我国的南京国环有机产品认证中心(OFDC)和中绿华夏有机食品认证中心(COFCC)外，在中国开展有机认证业务的还有几家外国有机认证机构，最早的是 1995 年进入中国的美国有机认证机构“国际有机作物改良协会”(OCIA)，该机构与 OFDC 合作在南京成立了 OCIA 中国分会；此后，法国的 ECOCERT、德国的 BCS、瑞士的 IMO 和日本的 JONA 和 OMIC 都相继在北京、长沙、南京和上海建立了各自的办事处，在中国境内开展有机认证检查和认证工作，我国的有机棉生产单位可根据产品地区或国家及客户要求选用上述有机认证机构。

三、有机农业有关术语定义

(一)有　机

指有机认证标准中描述的生产体系以及由该体系生产的产品,并与“有机化学”无关。

(二)有机农业

指在动植物生产过程中不使用化学合成的农药、化肥、生长调节剂、饲料添加剂等物质,以及基因工程生物及其产物,而是遵循自然规律和生态学原理,采用一系列可持续发展的农业技术,协调种植业和养殖业的平衡,维持农业生态系统稳定的一种农业生产方式。

(三)传统农业

指沿用长期积累的农业生产经验,主要以人、畜力进行耕作,采用农业、人工措施或传统农药进行病虫草害防治为主要技术特征的农业生产模式。

(四)有机产品

指按照有机认证标准生产、加工或处理并获得认证的各类产品。

(五)有 机 棉

是指按照有机认证标准生产,并通过独立认证机构认证的原棉。

(六)天然产品

指自然生长在地域界限明确的地区、未受基因工程和外来化学合成物质影响的产品。

(七)常　规

指未获得有机认证或有机转换认证的物质、生产或加工体系。

(八)有机转换期

指从开始有机管理至获得有机认证之间的时间。

(九)平行生产

指生产者、加工者或贸易者同时从事相同品种的经过有机认证的有机方式和其他方式(非有机、有机转换、有机但未获认证)的生产、加工或贸易。

(十)缓 冲 带

指有机生产体系与非有机生产体系之间界限明确的过渡地带,用来防止受到邻近地块传来的禁用物质的污染。

(十一)作物轮作

指为防治杂草及病虫害,提高土壤肥力和有机质含量,在同一地块按照计划的方式或顺序轮换耕作不同种类的作物的农事活动。

(十二)基因工程

指分子生物学的一系列技术(如重组 DNA、细胞融合)。通过基因工程,植物、动物、微生物和其他生物单元可发生按特定方式或可获得特定结果的改变,且该方式或结果无法来自自然繁殖或自然重组的方法获得。

(十三)绿 肥

以改良土壤为目的、施入土壤的作物。

(十四)标 识

指出现在产品的标签上、附在产品上或显示在产品附近的任何书面、印刷或图解形式的表示。

(十五)允许使用

指可以在有机生产体系中使用某物质或方法。

(十六)限制使用

是指在无法获得允许使用物质的情况下，可以在有机生产体系中有条件地使用某物质或方法。通常不提倡使用这类物质或方法。一般情况下，限制使用的物质必须有特定的来源，并能够说明未受污染。

(十七)禁止使用

指不允许在有机生产体系中使用某物质或方法。

(十八)认　证

指具有相应资质的独立第三方组织给予书面保证来证明某一明确界定的生产或加工体系经过系统地评估且符合特定要求的程序。认证以规范化的检查为基础，包括实地检查、质量保证体系的审计和最终产品的检测。

(十九)跟踪审查系统

能够足以用于确定来源、所有权转让以及农产品运输的文件。

第五节　有机棉生产基本要求

根据国际有机农业运动联盟(IFOAM)“有机生产和加工基本标准”、美国国家有机农业标准、欧盟有机农业条例EU2092/91、日本JAS法及国内外有机认证机构认证标准的有关内容，介绍有机棉生产和加工标准的基本内容。

一、农场及土地要求

(一)环境要求

有机基地必须选择在大气、水、土壤未受到污染，周边无工厂或其他污染源的地区，同时要避免转基因作物的污染。

(二)认证范围

认证范围可以是整个农场也可以是以地块为单位。如果认证范围是以地块为单位,则该农场必须承诺将所有的地块纳入正在进行的有机种植规划,规划的目标应该是在该农场有某一部分在被首次颁证后的最多5年内使农场全部地块进入有机生产或有机转换状态。对于租赁的或种植者不能完全控制的地块以及发生无法预料的极端情况时可以例外。对时而进行有机生产,时而进行非有机生产的地块不能颁证。

(三)转换期

由常规生产过渡到有机生产需要经过转换期,一般为首次申请认证的作物收获前3年时间。转换期内必须完全按有机生产要求操作。经1年有机转换后田块中生长的作物,可以获得有机转换作物的认证,其产品可以冠以有机转换期产品销售。

转换期的开始时间从申请认证之日计算。如果申请者能提供足够真实的书面证明材料和土地利用的历史资料,经认证机构颁证委员会核准后,转换期也可以从生产者实际开始有机生产的日期算起。

已经通过有机认证的农场一旦回到常规生产方式,则需要重新经过有机转换。

新开垦地、撂荒多年未予农业利用的土地以及一直按传统农业生产方式耕种的土地,要经过至少一年的转换期才能获得认证机构颁证。

(四)缓冲带和相邻地块

如果相邻农场种植的作物受到过禁用物质喷洒或有其他污染的可能性,则应在有机作物与喷洒过禁用物质的作物之间必须设置有效的物理障碍或至少保留8米的缓冲带,以保证认证地块的有机完整性。如某有机地块已经受到禁用物质污染，则要求该地块经过 36 个月的转换期。

如果由于邻近农场或常规农民的农作方法，或由于受到转基因作物的花粉侵袭，导致农场受到转基因种子的污染，则该地块、该作物或所有可能受到转基因作物花粉杂交的作物的再次进入有机生产体系的转换时间应比已知文献记载的该种子的生命期再长一年。

(五)平行生产

有机认证机构鼓励农场主将其所有土地转化成有机地块。如果一个农场同时以有机方式及非有机方式(包括常规和转换)种植同一品种的作物，则必须在满足下列条件，才允许进行平行生产，有机地块的作物产品才可作为有机产品销售：

1. 处于转换期 同一农场内部分地块正在向有机地块转换。

2. 生产者拥有或经营多个分场 不同的分场间存在平行生产，但各分场使用各自独立的生产设备、贮存设施和运输系统。

3. 同一农场内平行生产 如同一农场内存在平行生产时还须达到下列标准：告知平行生产的种类，以便有机认证机构和其检查员确保认证产品的有机完整性；要有作物平行生产、收获和贮藏计划，以确保有机产品与常规产品能分隔开来，生产者可通过选择不同作物或明显不同的作物品种或通过年度检查来核实分区管理计划的有效性；需要有完整而详细的有机产品和常规产品记录系统。

同时，存在平行生产的农场其常规生产部分也不允许使用基因工程作物品种。

(六)农场历史

生产者必须提供最近四年(含申请认证的年度)农场所有土地的使用状况、有关的生产方法、使用物质、作物收获及采后处理、作物产量及目前的生产措施等整套资料。

(七)生产管理计划

为了保持和改善土壤肥力,减少病、虫、草的危害,生产者应根据当地的生产情况,制订并实施非多年生作物的轮作计划,在作物轮作计划中,应将豆科作物包括在内。

生产者应制订和实施切实可行的土壤培肥计划,提高土壤肥力,尽可能减少对农场外肥料的依赖。制订有效的作物病、虫、草害防治计划,包括采用农业措施、生物、生态和物理防治措施。在生产中应采取措施,避免农事活动对土壤或作物的污染及生态破坏。制订有效的农场生态保护计划,包括种植树木和草皮,控制水土流失,建立天敌的栖息地和保护带,保护生物多样性。

(八)内部质量控制计划

有机生产者必须做好并保留完整的生产管理和销售记录,包括购买或使用有机农场内外的所有物质的来源和数量,以及作物种植、管理、收获、加工和销售的全过程记录。

二、机械设备和农具要求

①维护机械设备,保持良好状态,避免传动液、燃料、油料等对土壤或作物的污染。

②用于管理或收获有机作物的所有自用、雇用、租用或借用的设备,都必须充分清洁干净以避免非有机农业残留物、非有机产品或基因工程作物及其产品的污染,并建立清洁日志,做好记录。

③收获前后的操作过程及包装材料必须采用符合有机认证标准的加工技术和包装材料，以最大限度地保证产品质量和产品的有机完整性。

三、品种和种子要求

①如果可以买到经认证的有机种子，必须优先使用有机种子。

②如生产者确实无法获得有机种子，并有至少两个种子经销商证明，才可以使用常规种子。

③允许使用天然产生的生物防治剂处理过的种子，禁止使用转基因生物制剂处理的种子；允许使用泥土、石膏或非合成的物质对种子进行包衣处理。

④种子不得使用任何有机禁用物质的处理和加工。

⑤禁止使用任何转基因作物品种。

四、作物轮作要求

轮作的目的是保持和改善土壤肥力，减少硝酸盐淋失及病、虫、草害的危害。生产者必须根据本地可接受的有机农作方式实施合理的轮作计划，轮作方式尽可能多样化，应采用包括豆科或绿肥在内的至少 3 种作物进行轮作。同一年内提倡复种、套种。在有机地块种植的任何作物，无论是认证产品还是倒茬作物，都必须按有机种植的要求进行管理。对于一年生作物，在一个轮作期内禁止同一种一年生作物的连作。

五、土壤肥力和作物营养标准

主要通过种植豆科作物和绿肥、施用农场内部按有机方式生产所得的有机物质沤制的堆肥、加上合适的轮作来维持土壤肥力。如果这些措施不足以保持肥力，则可补充施用场外来源的动植物肥料和天然矿物质。

(一)允许或限制施用下列物质

1. 堆肥　堆肥是指有机物质在微生物的作用下，进行好氧或厌氧的分解过程。为了有效地保留堆肥中的营养物质，降解农药残留，杀死杂草种子和病原体，沤制堆肥温度必须达到 49℃～60℃的高温，并保持约 6 周的时间。为了获得最佳的堆肥效果，在整个沤制过程中，应保持一定的湿度，但不能有渍水现象。在堆制过程中，应书面记载来自农场外的物质，同时不允许在堆肥中使用任何有机农业禁止使用的物质，包括合成的堆肥强化促酵剂。种植者购买堆肥应索取商品(堆)肥的主要成分及含量表。

2. 畜禽粪肥　畜禽粪肥在使用前必须经堆制处理，在堆制过程中要不断翻堆，并保持一定的湿度和温度，直至充分降解。限制使用未经处理的粪肥，未经处理的粪便可能对土壤生物产生不良影响，使产品的硝酸盐含量高到影响人类健康的水平，并引起土壤中盐分的富集；未处理的粪便也可能含有农药残留，这取决于喂养牲畜的饲料类型。只允许适量地使用未经处理的或层状堆制(即未经充分处理)的粪便。

加工的畜禽粪肥是指经过加温至 65℃以上，达 1 小时以上，水分降至 12%或以下，保存或冷冻的由生粪制的肥料，该产品溶解度高和生物活性低，因此这种肥料不宜用做基肥。

3. 作物秸秆、作物残茬和绿肥　允许施用农场内部的作物秸秆、作物残茬和绿肥，有限制地施用农场外购物质。

4. 饼肥　允许施用经物理方法加工的饼肥。但某些饼肥如棉籽粕中可能含有一定量的农药残留，因此，在使用前若能证明棉籽粕中确无农药残留方可施用，否则，一定要经过堆肥处理。

5. 木材加工副产品 允许施用未经化学处理的木材加工副产品,如树皮、锯屑、刨花和木灰等。

6. 食品加工副产品 可以施用没有污染并经腐熟处理的食品加工副产品。

7. 海洋加工副产品 不含有其他合成防腐剂或其他合成植物营养素强化处理过的海洋副产品,如骨粉、鱼粉和其他类似的天然产品。

8. 水生植物产品 如海藻粉、未加工的海藻及海藻提取液,但不允许使用含有甲醛或用合成的植物营养素强化处理的海藻提取液。

9. 腐殖酸盐 允许施用来自于风化褐煤、褐煤或煤的腐殖酸盐。不允许施用经合成的物质强化处理的腐殖酸盐。

10. 微生物产品 指天然的微生物,包括根瘤菌、菌根真菌、红萍、固氮菌、酵母菌和其他微生物。微生物产品可用于农业生态系统的堆肥、植物、种子、土壤和其他的组成部分,不允许使用基因工程有机体或病毒。

11. 天然矿物质 允许使用未经合成的化学物质加工或强化处理的天然矿物质,天然矿物质不允许在加热或与其他物质混合时发生任何分子结构的变化。天然矿物质包括:花岗岩碎屑、绿砂、硫酸镁石、石灰石、营养矿物质、磷矿石、土壤矿物质和沸石等。

12. 微量营养元素 推荐使用来自于自然界的微量营养物质;在土壤或植物组织分析中发现植物缺少微量元素时,才允许使用合成的微量营养物质(如硼砂、硫酸锌等),以弥补土壤或植物微量元素的不足。

13. 植物生长调节剂 基于植物或动物来源,允许使用自然的植物激素如赤霉素、吲哚乙酸、细胞分裂素。

14. 非合成的氨基酸 允许使用由未经基因工程改组的植物、动物、微生物通过水解或物理的或其他非化学方法提取和解析出来的氨基酸。非合成的氨基酸可用作植物生长调节剂和螯合剂。

(二)禁止施用下列物质

1. 化学合成或加工的肥料 如硫酸铵、尿素、碳酸氢铵、氯化铵、硝酸铵(硝酸钙、硝酸钠、硝酸钾)、氨水等化学氮肥;过磷酸钙和钙镁磷肥等化学磷肥;硫酸钾、氯化钾、硝酸钾等化学钾肥;磷酸二铵、磷酸二氢钾、复混肥等化学复合肥。

2. 硝酸盐、磷酸盐和氧化物 在土壤和叶子上禁止使用天然和人工合成的溶解性高的硝酸盐、磷酸盐、氯化物等营养物质。

3. 合成激素和生长调节剂 合成的繁殖激素如IBA(吲哚-3-丁酸)以及合成的生长调节剂如NAA(1-萘乙酸)、缩节胺等。

4. 基因工程改组产品 经基因工程改组的动植物和微生物及其产品。

5. 城市垃圾和下水道污泥

6. 工厂、城市废水

六、作物病虫草害的管理标准

(一)病害管理

①选用抗病的品种。

②采用防止病原微生物蔓延的管理措施。

③采用合理的轮作制度。

④允许使用抑制棉花真菌和隐球菌的钾皂(软皂)、植物

制剂、醋和其他天然物质。

⑤限制使用石硫合剂、波尔多液、天然硫等含硫或铜的物质。

⑥禁止使用化学合成的杀菌剂。

⑦禁止使用由基因工程技术改组的产品。

⑧禁止使用阿维菌素制剂及其复配剂。

(二)虫害管理

①选用自然抗虫的棉花品种,创造有利于自然平衡的条件;但禁止使用通过基因工程技术改组的抗虫棉花品种。

②提倡通过释放天敌如寄生蜂来防治害虫。

③允许使用杀虫皂(软皂)和植物性杀虫剂如鱼尼丁、沙巴草、茶以及由当地生长的植物制备的提取剂等。

④允许有限制地使用鱼藤酮、除虫菊、休眠油(最好是从植物中提取的)和硅藻土,但必须慎用,因为它们会对生态环境产生较大的影响。

⑤允许有限制地使用微生物及其制剂,如苏云金杆菌(Bt)等。

⑥允许在诱捕器和蒸发皿中使用性诱剂,允许使用光敏性(黑光灯、高压汞灯)、视觉性(黄色粘板)、物理性捕虫设施(如防虫网)防治害虫。

⑦通过种植诱集作物,如玉米、油葵等和在棉田安放杨树枝把诱集害虫。

⑧禁止使用化学合成的杀虫剂。

⑨禁止使用由基因工程技术改组的生物体生产或衍生的产品。

(三)草害管理

①通过采用限制杂草生长发育的栽培技术组合(轮作、绿肥、休耕等)控制杂草。

②提倡使用秸秆覆盖除草，但秸秆不能含有污染物质。

③采用机械、热和人工除草方法。

④允许使用以聚乙烯、聚丙烯或其他聚碳化合物为原料的塑料覆盖物，但使用后必须清理出土壤，不可在农场焚烧。禁止使用聚氯烯产品。

⑤禁止使用化学和石油类除草剂。

⑥禁止使用由基因工程技术改组的生物体或衍生的产品。

第六节　有机棉生产技术

我国3大主产棉区中新疆棉区是种植有机棉最适宜的地区，而黄淮海、长江中下游两大棉区目前发展有机棉有一定的困难。本节将针对新疆棉区的生态条件介绍有机棉生产技术。

一、棉花品种和种子

①禁止使用经基因工程技术改组的棉花品种，如转Bt基因抗虫棉、抗除草剂的棉花品种。

②选用抗病、丰产、后期不易早衰的棉花品种，如中棉所35等。

③如果生产者可以买到经认证的有机棉种子，必须使用有机种子；如生产者确实无法获得有机种子，才可以使用未经有机农业标准中禁用物质处理的常规种子。但从第二年起必须全部种植上一年生产的有机棉种子。

④棉花种子加工采用机械脱绒，不得使用任何有机农业标准中禁用物质来进行处理和加工。

二、棉田土壤培肥技术

主要通过种植绿肥和豆科作物、采用合适的轮作、施用动植物肥料和天然矿物质来保持土壤肥力。

①新垦土地第一季种植油葵或草木犀、苜蓿等绿肥作物，播前每667平方米基施经堆制处理的棉籽粕或畜禽粪肥300～400千克，当年秋季或第二年春季棉花播种前翻入土壤，以熟化和培肥土壤。

②秸秆还田。棉花收获后，秸秆于犁地时粉碎并翻入土壤。

③棉花与草木犀或苜蓿等豆科绿肥作物套(轮)作。每年6～7月份灌水前在棉田套种草木犀或苜蓿，棉花收获后草木犀或苜蓿越冬，第二年春季棉花播种前翻入土壤。

④施用经堆制处理的棉籽粕或畜禽粪肥等有机肥。棉花播前每667平方米基施棉籽粕300千克左右，或牛羊鸡粪肥500千克以上。另外，每667平方米备用100千克左右棉籽粕(堆制腐熟)，在棉田灌第一水前开沟追施。

三、害虫防治技术

(一)农业防治

农业防治是改造农业生态体系，增强天敌种类和数量、恶化害虫生活和生存条件，增强生态防御体系的重要措施。

1. 铲除杂草，防治棉花害虫的孳生和蔓延 棉花出苗前后，盲椿象、蓟马、棉叶螨、棉蚜等多在田边地头活动，应在播种前铲除田边杂草。

2. 秋耕冬灌 秋耕冬灌是控制害虫越冬率的有效手段，秋耕冬灌棉田棉铃虫蛹死亡率可达60%～90%，可大大降低棉铃虫、地老虎等虫蛹的越冬基数。

3. 作物合理布局　棉花与小麦、玉米邻作，可提供天敌资源，减少虫口数量；棉田尽量不与瓜类、豆类、啤酒花和果园邻作，以免害虫的转移和蔓延。

4. 种植诱集作物　种植诱集作物，在棉田间作玉米，或在棉田邻近的林带内种植苜蓿，一是诱集害虫产卵或为害，减少害虫在棉花上的种群密度，从而降低对棉花的为害；而这些作物对害虫的耐害力比较强，自身受害较轻。二是为天敌提供较好的生存环境，利于天敌的繁殖，增加天敌的种群和数量。

5. 结合田间管理开展防治　适时定苗、中耕除草、整枝打杈，剔除虫株，可消灭部分害虫的卵和幼虫。

6. 作物轮作　棉花与其他作物轮作可改变害虫适宜的食物结构和生活条件，从而抑制其孳生。

(二)生物防治

①保护、增殖和利用天敌。采用棉花与玉米、小麦、油菜、高粱等地块邻作，或在棉田内、田边、沟旁点种玉米、高粱等诱集作物，为天敌提供适宜的栖息和繁殖的场所，可增加天敌的种类和数量。

②利用微生物杀虫剂防治害虫。微生物杀虫剂，如 Bt、核多角体病毒具有较强的专一性，对人、畜、农作物和天敌无害，不污染环境，对害虫毒性较高，不易产生抗性。

③利用性诱剂诱捕成虫。

(三)物理机械方法防治

①棉田安装黑光灯、高压汞灯诱杀棉铃虫成虫。

②杨树枝把诱集。在棉铃虫羽化盛期，取 10～15 支两年生杨树枝捆成一束，高出棉株 15～30 厘米，每 667 平方米7～10 把，竖立在田间地头或渠道两旁诱集棉铃虫成虫，每天日

出前用网袋套住枝把捕捉棉铃虫成虫。

③棉花苗期可在棉田周围间隔20米放糖浆瓶一个，诱杀地老虎成虫。

④棉田周围和中间渠埂放置黄色胶板诱捕蚜虫。

(四)使用植物性杀虫剂

如果上述措施不足以控制害虫危害，棉花的生长受到直接威胁时，可使用杀虫皂(钾皂)和植物性杀虫剂如除虫菊、鱼藤酮、鱼尼丁、沙巴草、茶、苦木制剂、苦参碱等进行防治。

四、棉花病害控制措施

①种植抗病品种，如中棉所35等。

②不使用发病棉田生产的种子，以防止病原菌随种子带入土壤。

③发病较重棉田的棉秆禁止进入有机棉田。

④棉花与其他作物轮作倒茬。棉花与其他作物轮作，可有效降低危害棉花的病原菌数量。

⑤施用的棉籽粕等有机肥须经过高温加工处理或高温堆制处理，以杀死其中的病原菌。

⑥在棉花播种前，进行日光晒种或温水浸种，可起到杀死病菌的作用。

⑦有机和常规棉田混用的机械设备工具，在用于有机棉田时必须进行清洁，以防病原菌的带入。

⑧在棉田中如发现病株，应拔除以病株为中心1平方米的棉株。

五、草害防治技术

①棉花与其他作物轮作。在棉花的生产过程中科学合理

地与其他作物轮作换茬，改变其生态和环境条件，可明显减轻杂草的危害。

②精选种子。在棉花播种前进行种子精选、脱绒，清除已混杂在种子中的杂草种子，减少杂草的发生。

③利用畜禽粪便、作物秸秆等尤其是杂草制成的有机肥，其中或多或少均带有不同种类与数量的杂草种子。这些肥料必须要经过 50℃～70℃高温堆沤处理，以杀死其中的杂草种子。

④合理密植，抑制田间杂草。棉花合理密植，可加速棉花封行进程，利用其自身的群体优势可抑制中后期杂草的生长，收到较好的防草效果。

⑤地膜覆盖。地膜覆盖在南疆棉花生产中是一项必不可少的栽培措施，除具有增温、保墒、抑制盐碱、促进棉花生长发育的作用外，还具有明显的防治杂草的效果。仅允许使用由聚乙烯和聚丙烯等多碳酸盐原料制成的塑料产品，而且使用后必须清理出土壤，不得翻入土壤或遗留在田间分解。

⑥机械和人工除草。机械除草包括作物播种前耕地和棉花生育期的中耕。作物播种前耕地能有效地消灭越冬杂草和早春出土的杂草，同时将前一年散落在土表的杂草种子翻埋于较深的土层中，使其当年不能发芽出土。在棉花生长发育过程中，田间杂草可通过中耕作业加以清除。对于机械作用不到的地方应进行人工除草。

⑦及时除去棉田周围和路旁、沟边的杂草，防止向棉田内扩散和蔓延。

六、播种密度

新垦荒地，土壤肥力低，棉株的个体发育较小，前两年种植棉花应主要靠群体增加总铃数，因此，一般采用高密度种植方式，每667平方米种植15 000株左右；第二年种植12 000株左右；以后随着土壤肥力的提高，种植量应控制在8 000～10 000株，密度过高，将导致田间荫蔽，通风透光差，蕾铃脱落严重，造成减产。

七、棉花生长调控

在有机棉生产中禁止使用缩节胺等化学合成的植物生长调节剂，应主要通过采用合理的密度、合理灌溉和人工进行生长调控。

①根据地力水平确定适宜密度。新垦荒地，由于肥力瘠薄，棉株生长矮小，应主要依靠群体提高产量，每667平方米种植15 000株以上；第二年，每667平方米种植12 000株左右；达到中等肥力时，每667平方米种植量为8 000～10 000株。

②灌水调控。适当推迟棉田第一水的灌溉时间，防止蕾期生长过旺；以后各次灌水也应适期适量，以控制棉株的营养生长速度，防止棉株旺长而造成田间荫蔽。

③去叶枝，适当早打顶、打边心。在棉花现蕾后，及时去除叶枝；有机棉由于禁止使用缩节胺等生长调节剂，棉株营养生长较快，为控制株高和果枝长度，减少田间荫蔽，应适当早打顶、去边心，留果枝8～9台，每果枝留果节1～2个。

八、农田保护措施

新疆棉区降雨稀少，农田一般地势平坦，不存在水土流失问题，但每年的4～5月份会受到一定的风蚀影响。因此，应在地块四周种植5～10米宽的防风林带，在防风林带未成林前采取在地块边设置芦苇栏或秸秆覆盖的措施，以抵御或减少风蚀的影响。

在地块周围及渠、路边保留红柳、芦苇等野生植物，为野兔、野鸡、斑鸠和乌鸦等野生动物及害虫的天敌提供适宜的繁殖生存环境。

九、有机棉质量控制体系

为确保有机地块及其产品的有机完整性，有机农场应制定完善的内部质量控制计划，并采取了一系列质量控制措施。

①农场所有地块尽可能集中在 1 个种植单元内，有机地块与农场外的常规地块间至少保持 8 米以上的缓冲带，以保证认证地块的完整性。

②农场管理框架。农场所有地块应尽可能实行统一管理，所有使用物质、机械设备均由农场提供，由农场统一收管和贮藏。如无法实行生产统一管理的必须建立严格和完善的检查和监督体系。

③对农场职员和农民进行有机认证标准和生产技术培训。邀请有机农业专家对农场职员和农民进行有机认证标准培训，并根据有机认证标准制定有机作物生产管理技术规程，发放给农场每个职员和农民，使农场的所有员工对有机农业及有机认证标准能够全面的理解。

④机械设备在使用前进行检修和维护，使之保持良好状态，以避免传动液、燃料、油类等对土壤或作物的污染；对于管理认证有机作物的机械设备和农具，都须充分清洁干净，以避免非有机农业残留物及非有机产品的污染。

⑤收获。有机棉收获时，必须使用专门的白色纯棉布袋，收获人员须戴棉布帽，严禁常规棉以及头发丝、化纤丝等异性

纤维的混入；不同等级的籽棉要分收、分晒。各地块要有详细的收获记录，各地块收获的棉花要单独抽留样品，以备后查。

⑥贮藏。收获的籽棉存放在有机农场专用晒花场内，该晒花场严禁存放常规棉。在晾晒、分拣、堆放过程中一定要对场所进行彻底清洁，严禁杂物、异性纤维混入；籽棉一定要分等级存放。籽棉进入和运出晒花场要有详细的记录。

⑦运输。运输车辆事先要进行彻底清洁；必须用白色纯棉布有机棉专用袋装运；各有机棉种植户运送单、籽棉收购单上要注明“有机棉”字样。

⑧建立完善的质量跟踪审查系统。包括生产作业活动记录，机械设备和农具清洁记录，使用物质的种类、来源和数量记录，作物收获记录（时间、地块、数量），农场籽棉入库、贮藏、出库记录，籽棉运输到加工厂过程中的运输车辆清洁记录等。

主要参考文献

1　中国农业科学院棉花研究所主编．中国棉花栽培学．上海:上海科学技术出版社，1983

2　河南省农业科学院主编．棉花优质高产栽培．北京:农业出版社，1992

3　毛树春等．棉花规范化栽培技术．北京:金盾出版社，1998

4　毛树春，董合林，裴建忠等．棉花栽培新技术．上海:上海科学技术出版社，2002

5　李保成，王林，刘永光等．新疆棉花品质类型生态分布及产业化．新疆农垦科技，2003(1):6～8

6　刘凤林，尤满仓，郝伯钦等．北疆棉区棉花高密度高产栽培技术调查．新疆农垦科技，2003 (5):3～5

有机棉花铃期生长情况

有机棉生长情况

责任编辑：冯　斌
封面设计：吴大伟

TESE MIAN
GAOCHAN YOUZHI ZAIPEI JISHU

特色棉
高产优质栽培技术

ISBN 978-7-5082-4383-2
S·1442　定价：11.00 元

专家释疑解难农业技术丛书

水牛改良与奶用养殖技术问答

童碧泉 编著

金盾出版社
JINDUN CHUBANSHE

对头式水牛舍

水牛人工挤奶

水牛运动场

（彩色照片均由梁珠民提供）